U0221070

读中华　学科学丛书

丛书主编　廖伯琴

丛书副主编　李远蓉　谢建平　张廷艳　霍　静　李富强　王　强　杨新荣

丛书编写人员（按姓氏笔画排序）

王　纯　王　强　王瑞涵　王翠丽　文　婷
邓　涵　邓　磊　邓伍丹　邓时捷　叶子涵
田　燕　代秀男　邢宏光　朱馨雅　刘小慧
刘丽萍　刘明静　牟　金　李　毅　李太华
李丹洋　李远蓉　李富强　杨　文　杨　其
杨　姣　杨　晗　杨新荣　肖　红　吴斯莉
旷　柳　张天涯　张正严　张廷艳　张诗雨
陈　信　陈　雪　陈　澜　陈丽伉　陈海霞
陈朝东　陈婷婷　林小波　周宏景　郑伟太
郑自展　姜祎欣　骆　丹　郭柳君　郭诗静
陶　飞　彭余泓　程超令　曾　江　谢　芳
谢建平　廖亚男　廖伯琴　熊　慧　黎昳哲
霍　静

读中华 学科学丛书

中国传统文化的化学之光

李远蓉 主编

王 强 副主编

温馨提示：请在成人监护下，安全做实验！

化学工业出版社

·北京·

内 容 简 介

本书通过“气”宇不凡、上善若“水”、攻苦茹“酸”、时间“碱”史、“盐”之有理、“碳”源溯流、烈火真“金”、燃料等方面，将化学知识与中国传统文化相结合，在发展学生化学学科核心素养的同时，强调跨学科性和整合性，凸显中华民族传统文化核心之所在。同时与科学实验完美融合，寓教于乐，让学生在“玩”和“做”中学习科学知识，并培养学生对科学的好奇心、探索欲。本书适合7~12岁学生及家长、教师阅读参考。

图书在版编目 (CIP) 数据

中国传统文化的化学之光 / 李远蓉主编；王强副主编．—北京：化学工业出版社，2022.11（2024.9重印）
（读中华 学科学丛书）
ISBN 978-7-122-42259-0

Ⅰ．①中… Ⅱ．①李… ②王… Ⅲ．①化学－少儿读物
Ⅳ．① 06-49

中国版本图书馆 CIP 数据核字 (2022) 第 178359 号

责任编辑：曾照华
文字编辑：昝景岩
责任校对：王鹏飞
装帧设计：溢思视觉设计 / 姚艺

出版发行：化学工业出版社
（北京市东城区青年湖南街 13 号 邮政编码 100011）
印 刷：中煤（北京）印务有限公司
710mm×1000mm 1/16 印张 $11^1/_2$ 字数 119 千字
2024年 9月北京第 1 版第 2 次印刷

购书咨询：010-64518888
售后服务：010-64518899
网 址：http://www.cip.com.cn
凡购买本书，如有缺损质量问题，本社销售中心负责调换。

定 价：69.00 元

丛书前言

中华民族历史悠久，中华传统文化博大精深，是中华文明成果根本的创造力，是民族历史上道德传承、各种文化思想、精神观念形态的总体。中华传统文化经历有巢氏、燧人氏、伏羲氏、神农氏(炎帝)、黄帝(轩辕氏)、尧、舜等时代，再到夏朝建立，一直发展至今。中华传统文化与人们生活息息相关，以文字、语言、书法、音乐、武术、曲艺、棋类、节日、民俗等具体形式走进人心。中华传统文化以其深邃圆融的内涵、五彩斑斓的外延推进人类文明的进程。

“科学”来自英文science的翻译。明末清初，西方传教士携来有关数学、天文、地理、力学等自然科学知识，当时便借用“格致”称呼之。“格致”最早出自《礼记·大学》，格物、致知、诚意、正心、修身、齐家、治国、平天下，这是所谓“经学格致”。后来借用的“格致”与“经学格致”已有区别，它更强调自然知识与技术，不仅含实用技术，而且有高深学理，因此又被称为“西学格致”。我国早期的科学教育分为文、法、商、格致、工、农、医等科目，格致科以下再分算学、物理、化学、动植物、地质、星学(天文)等。可见，当时人们对科学及科学教育的理解是比较宽泛的。随着时代的发展，学校的科学课程设置逐渐转为侧重自然科学，科学教育也通常指自然科学教育。不过，对科学的广义理解仍然存在，如心理科学、教育科学、社会科学等术语的出现便是例证。

正是由于中华传统文化与科学的交集，“读中华　学科学丛书”应运而生。该丛书由西南大学科学教育研究中心组织编写，由西南大学教师教育学院教师领衔组建编写队伍，经过大家不懈努力完成。此丛书含四个分册——《中国传统文化的物理之光》《中国传统文化的化学之光》《中国传统文化的生物之光》《中国传统文化的数学之光》，从中华传统文化，如节日、古文、古诗、词语、乐曲、赋、民族音乐、民族戏剧、曲艺、国画、书法等方面，探索中华先辈的理性之光，发掘中华传统文化中蕴含的物理学、化学、生物学及数学知识，并对其进行分析解释，展示这些传统文化蕴含的科学思想等。同时，本丛书既注重实践操作，通过精彩实验等让读者体会“做中学”的乐趣，而且注重联系生活实际与现代科技，引导读者从文化走向科学，从生活走向科学，从科学走向社会，培养广大青少年的科学素养。

为促进科学教育育人功能的落实，促进全民科学素养的提升，西南大学科学教育研究中心自2000年始，集全国相关研究之长，以跨学科、多角度及国际比较的视野，持之以恒地探索科学教育的理论及实践，推出了科学教育系列成果。其中，科学教育理论研究系列，侧重从科学教育理论、科学课程、教材、教学、评价等方面进行研究，如《科学教育学》等；科学普及系列，侧重公民科学素养的提升，如“物理聊吧丛书”、“一做到底——让孩子痴迷的科学实验丛书”等；科学教育跨文化研究系列，从国际比较、不同民族等多元文化视角研究科学教育，如《西南民族传统科技》等；科学教材系列，编写新课标版教材，翻译国外优秀教材，如获首届全国优秀教材一等奖的《物理》以及世界知名“FOR YOU”教材中文版等。现在推出的“读中华　学科学丛书”进一步丰富了科学普及系列的成果，为科学教育理论及实践的探索又增添了一抹亮色。

文化是一个国家、一个民族的灵魂。文化兴国运兴，文化强民族强。没有高度的文化自信，没有文化的繁荣兴盛，就没有中华民族伟大复兴。我们推出“读中华　学科学丛书”，旨在弘扬中华民族的灿烂文化，培养广大青少年的文化自信及实现中华民族伟大复兴的责任感与使命感。

廖伯琴

2021年8月19日

于西南大学荟文楼

前言

正如英国科学史家李约瑟所说："整个化学最重要的根源之一（即使不是最重要的唯一根源）就是从中国传出的。"中华民族在化学科学技术领域曾经为人类作出了巨大贡献。在古代中国，"点石成金"的炼丹术以化学反应为基础，基本观念是"万物可变"，因而成为化学的原始形式。从炼金术中，人们发现了一些金属元素和化学反应。同样，在生产生活实践中，我国各民族很早就开始对化学现象、化学知识进行探索活动，秉持天人合一、和谐共生的生态观，将其用在生产生活中，形成了独特的化学科技文明。

本书从中华传统文化的视角，发掘其中蕴含的化学科学知识、技术和科技思想等，展示中华民族在其发展的历史长河中的理性探索之光，以及与自然和谐共生的科技智慧，旨在弘扬中华民族灿烂的化学科技文化，培养广大青少年的文化（科技文化）自信及实现中华民族伟大复兴的责任感与使命感。

本书以中华传统文化中的化学典故为主线，将化学知识、技术及思想融入其中，通过化学典故、释疑解惑、"化"尽其用、躬行实践、设疑激思等，让读者了解、体验、感悟传统文化中的化学知识、生存之道、科技智慧，从而激发起广大青少年学习、理解、探究、创新化学科学技术的意识和动力。本书可作为广大科技爱好者的科普读物、学生学习科学（化学）的课外读物和科学（化学）教育工作者的课程资源。

本书引用的内容，我们以参考文献的方式列出，以突显被引用者的贡献，并表达由衷的感谢！同时，感谢为本书出版付出心力的所有人，谢谢你们！

编　者

2023年1月

目录

第1章 “气”宇不凡

第2章 上善若“水”

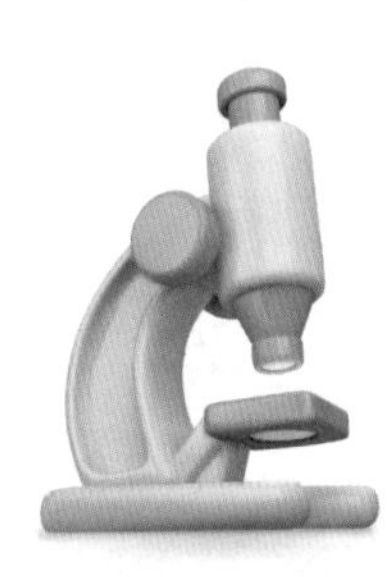

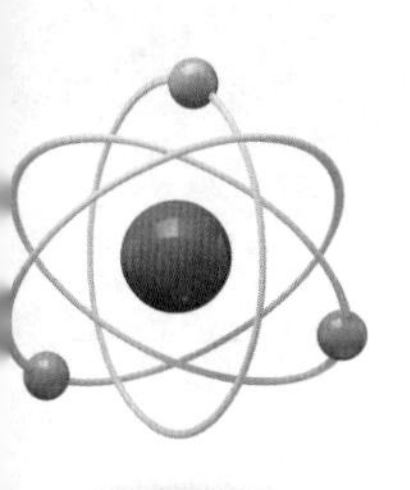

第 5 章 “盐”之有理

第6章 “碳”源溯流

第7章 烈火真“金”

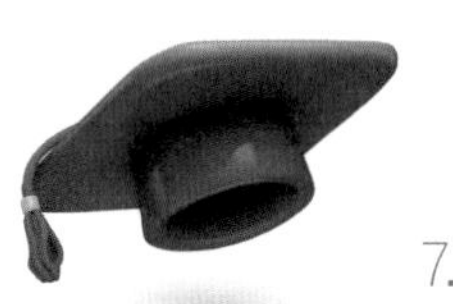

第 8 章　燃料：文明的起源

第1章 『气』宇不凡

1.1 虚而不屈，动而愈出

从化学的角度来看，物质存在固、液、气三种基本的状态。生命活动离不开大气中的氧气，没有氧气就没有生命，也就没有生机勃勃的地球。那么氧气除了可以供给生物呼吸，还有哪些作用呢？

1.1.1 从风箱谈氧气助燃

最早在唐朝时，我国炼丹家马和就发现了氧气及其助燃作用。他观察了木炭、硫黄等可燃物在空气中的燃烧情况后得出：空气的组成复杂，主要由“阳气”（即氮气）和“阴气”（即氧气）两种气体组成，并且“阳气”的含量比“阴气”多很多。此外，通过与可燃物化合可以将“阴气”从空气中除去，而“阳气”固定不变。马和在探究中进一步得出，青石（氧化物）、火硝（硝酸盐）等物质中存在“阴气”，用火加热，则会放出“阴气”。除此之外，水中也有大量“阴气”，不过很难从水中得到。而氧气的中文名称是清朝徐寿命名的。他认为人的生存离不开氧气，将氧气命名为“养气”，即“养气之质”，后来又用“氧”代替了“养”字，统称为“氧气”。

我国古代劳动人民在用炉子打铁铸刀剑时采用的“风箱”“皮老虎”，是人们对空气中占比21%的氧气的智慧应用。中国早期的鼓风器称为橐（tuó）或橐籥（yuè）。战国时期已有橐籥，《老子·道经》中用它比喻空间，“天地之间，其犹橐籥乎？虚而不屈，动而愈出”。意思是说，充满空气的皮革制的鼓风器不会塌缩，拉动其体又能将其内的空气压出，通过输风管进入熔炼炉中。汉代的橐促进了冶炼技术的大力发展，并且在动力方面也得到不断的改进，即由畜力代替人力，其名称也改为“马排”。建武七年（公元31年）南阳太守杜诗“造作水排，铸为农器，用力少，见功多，百姓便之”。所谓水排是指以水力引动机轮，由机轮的转动带动曲柄、连杆和传动皮带，从而使橐鼓风。

而“风箱”一词最早见于明崇祯十年（公元1637年）宋应星所著的《天工开物》中，该书第八卷冶铸图谱上就普遍出现了活塞式风箱。这种木风箱一般是长方形的，箱内装有一个大活塞，叫做鞴（bài），鞴上装有露在箱外可以推拉的把手，通过推拉鞴，带动活塞的运动可以把空气连续不断地压送到冶铁炉中。由于活塞的推拉都能向炉内送风，所以这种风箱是能通过活塞双向连续鼓风的先进鼓风机。

李约瑟博士曾借用19世纪科学著作家尤班克的著作说明中国风箱的科学价值及其历史地位。尤班克认为，“最完美的鼓风机和近代改良泵的杰作”都是中古时期中国活塞风箱的“仿制品”。

1.1.2 “化”尽其用——“煽风点火”助燃真相

氧气，氧元素最常见的单质形态之一，其化学式表示为O_2。氧气是一种无色无味不易溶于水的气体，在室温下，1升水大约溶解

30毫升氧气。在标准状况下，氧气的密度是1.429克/升，比空气的密度略大，空气中的氧气含量约为21%。在压强为101千帕、温度为−183℃时，氧气液化成淡蓝色液体；而压强为101千帕、温度为−218.4℃时，氧气会凝固成雪状淡蓝色晶体。工业生产的氧气，一般加压贮存在蓝色钢瓶中。

氧气的化学性质较活泼，在一定条件下，能与很多物质发生化学反应。将带有火星的木条伸入盛有氧气的瓶子中，可以观察到带火星的木条复燃，由此可知氧气能支持燃烧。许多在空气中可燃烧的物质，在氧气中燃烧得更剧烈，并且某些在空气中不能燃烧的物质，在氧气中则可以发生剧烈燃烧。比如，在空气中加热铁丝时，铁丝只能发生红热现象，不能燃烧；但是在氧气里点燃细铁丝可发生剧烈燃烧，火星四射。由此可得出，氧气具有助燃性。在反应过程中，氧气化合价降低，具有氧化性，是常见的氧化剂。

图1-1　气割

物质的性质决定用途，氧气可支持燃烧，具有助燃性，因此可用于炼钢、气焊、气割（图1-1）、制液氧炸弹及火箭发动机里的助燃剂等等。氧气也可以用于潜水（图1-2）、登山以及医疗急救等等。上文提到的传统“风箱”也应用了氧气可支持燃烧这一性质。

此外，关于“风箱”助燃

图 1-2　潜水

更深入的化学原理可以借助化学反应速率来进行分析。在化学上，描述化学反应进行的快慢程度的量称为化学反应速率，通常用单位时间内反应物浓度的减少或生成物浓度的增加来表示。影响化学反应速率的因素很多，通常分为内因和外因，内因即为反应物本身的性质，外因则包括温度、浓度、压强、催化剂等等。想要提高某一反应的化学反应速率，则需要根据该反应的特征，从内因以及外因两方面进行考虑。“风箱”助燃就是通过改变条件，加快了燃烧的反应速率。以《天工开物》中的活塞式风箱为例子进行分析，通过拉动外面的木把手，可以将空气不断地鼓入火炉中，使火炉燃烧得更旺烈。实质上，火炉中物质的燃烧需要氧气的参与，氧气作为这一燃烧反应的反应物，通过“风箱”将空气不断鼓入火炉中，增大了火炉中反应物氧气的浓度。反应物浓度越大，化学反应速率越快，火炉中氧气浓度越大，火炉中的火燃烧得越剧烈。

1.1.3 躬行实践——验证氧气的存在

【实验目的】

将玻璃瓶罩在燃烧的蜡烛上，蜡烛燃烧将消耗玻璃瓶中的氧气。通过观察玻璃瓶与盆中的液面差则可验证空气中氧气的存在。

【实验材料】

小盆一个、蜡烛一支、火柴、圆柱形玻璃瓶一个、筷子一支、自来水、墨水。

【实验步骤】

如图1–3所示：

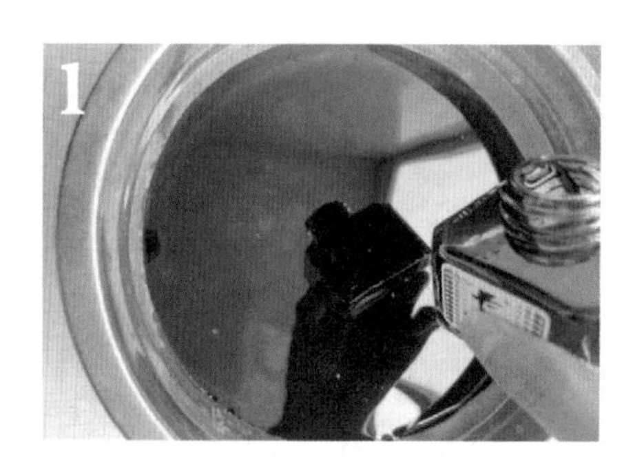

图 1–3　验证氧气实验步骤图

① 在小盆中加入半盆自来水，加入一定量的墨水，用筷子充分搅拌使墨水与自来水混合均匀。

② 用火柴将蜡烛点燃，放入盆中央。

③ 将圆柱形玻璃瓶倒扣在蜡烛上。

④ 蜡烛逐渐熄灭，水进入玻璃瓶，与盆中水面产生液差。

思考

将上述实验中圆柱形玻璃瓶按照体积比平均分成五等份，然后把玻璃瓶罩在蜡烛上。待蜡烛燃烧消耗尽玻璃瓶中的氧气，玻璃瓶中液面将上升，形成一段水柱。空气中氧气约占21%，也就是瓶子体积的五分之一左右。请问，水柱的高度是否是瓶子的五分之一？如果不是，那是为什么呢？

1.2 烛避窗中影，香回炉上烟

古人之所以很难理解大气中存在物质，其中一个重要的原因就是人很难感知到其特殊的存在，即大气中常见成分对我们而言都是无色无味的。因此，相对而言，人类对有气味物质的利用历史则显得更加久远，尤其是香味物质。我国古人认为：香者，天地之正气也，能辟障、杀恶，消燥、化恼，行香祛邪，解秽流芳。

1.2.1 贯穿古今的香文化

随着中华民族的历史发展，中国香文化已历经五千年。在中国古代，“香”有着广泛的用途，比如熏燃、悬佩、涂敷甚至饮用。尤其是历代王公贵族、文人墨客对熏香更是推崇有加，认为它是陶冶情操、启迪才思的妙物，在日常生活中常以熏香为伴，并将其作为“礼”的一种表述，因此熏香也成为古代宫廷和贵族居室文化的重要构成部分。

古人对香的认识和利用，可以追溯到上古时期。宋代丁谓（966—1037）所著《天香传》中云：“香之为用从上古矣。所以奉神明，可以达蠲（juān）洁。”意思是：上古时期，人们焚香的目的主要是供奉神明，其次才是驱邪清洁。春秋战国时期，开始出现薰草、古兰、郁金、茅香等香草，插戴香草、佩带香囊（图1-4）、沐浴香汤等做法渐次兴起，其应用领域扩展为香身、熏香、辟秽、祛

图 1-4　佩带香囊示意图

虫、医疗养生等。其中，熏香的药用价值在古籍中也有详细的记载，比如：李时珍的《本草纲目》列出了芳香类药物，记载了香木35种、芳草56种，也详细记载了用香料治疗疾病的方法，比如乳香、安息香、樟木并烧烟熏之，可治卒厥，沉香、蜜香、檀香、降真香、苏合香、安息香、樟脑、皂荚等并烧之可辟瘟疫。

随着汉代丝绸之路的开通，对外交流日渐频繁，香料的种类亦更为丰富，除了国产香料外，还有从域外输入的龙脑、苏合香等。而熏香的使用不仅常见于祭祀、典礼等活动，在贵族的日常生活中也得到普遍使用，尤其是宫廷中的嫔妃们。比如：汉武帝的第二任皇后赵飞燕曾“杂熏诸香，一坐此席，余香百日不歇”。汉武帝时期还出现了著名的熏香器具——“博山炉”。

隋唐时期，随着经济水平的发展以及物质文明的进步，人们对熏香的研究和使用更加精细化、系统化。宫廷中用焚香来显示庄严和礼遇，并将其写进制度。唐诗中，如贾至《早朝大明宫》“衣冠身惹御炉香”，杜甫《奉和贾至舍人早朝大明宫》“朝罢香烟携满袖”等诗句，均反映了朝廷朝会时熏香的浓烈。喜爱香薰的权贵们将奇香作为炫耀的资本，相互比试，兴起了“斗香”活动。唐中宗时期就举行过一次高雅的斗香大聚会，武三思、宗楚客兄弟、皇后韦氏等诸皇亲权臣各自携带名香，在会上比试优劣。而文人墨客则将熏香视作优雅生活和文化品位的标志，似乎无熏香则不能赋诗作文。于是，“红袖添香夜读书”就成了文人们日常生活中不可或缺的风雅。白居易诗云“闲吟四句偈，静对一炉香”，李商隐诗云“春心莫共花争发，一寸相思一寸灰”等，皆反映了唐代文人熏香之雅事（图1–5）。

图1–5　唐代的香文化

近现代时期，人们的思想思潮、生活方式以及价值观念发生了转变，以往融入于书斋琴房和日常起居生活的香文化也渐行渐远，主要作为祭祀仪式被保留在庙宇祭祀之中。

现在，随着人们物质生活水平以及精神需求的提高，越来越多的人喜欢用香、品香，从来自天然的草本花香，到人工制造的香水以及合成香料，总之有各种各样的“香气”。伴随着社会经济文化的进一步繁荣，有更多爱香、懂香的人开始致力于对传统香文化的继承与弘扬，在这个美好而伟大的时代，中国香文化也一定会展现蓬勃的生机，展露出它美妙夺人的千年神韵。

1.2.2 “化”尽其用——“开箱衣带隔年香”的秘密

熏香的方式主要有两类：一类是自然挥发释放芳香，古代称为悬挂法、佩带法，现代则是以熏香条、熏香花（图1-6）、扩香器、熏香加湿器等为媒介释放熏香；另一类是通过燃烧释放芳香，古代称为燃熏，现代主要是借助香薰灯、香薰蜡烛（图1-7）等进行隔火熏香。

熏香的原料主要包括植物原料和动物原料，其中植物原料种类最多且较为常见。熏香植物（香薰植物）是指兼有芳香、观赏和药用等属性的植物，如薰衣草、迷迭香、玫瑰等。由于这些熏香植物能够散发出香味，因此古人将特制的香药放在衣服中间，杀菌防虫，

图1-6　熏香花

图1-7　香薰蜡烛

同时也让衣服沾染上自然的香气，达到“开箱衣带隔年香”的效果。

熏香植物能产生怡人的香气，因此被称为四季飘香的“天然香水瓶”，那它为何具有独特的香味呢？从化学角度来看，因为这类植物含有醇、酮、酯、醚类芳香族化合物。所谓芳香族化合物，是指碳氢化合物分子中至少含有一个苯环，具有独特性质（即芳香性）的一类化合物，主要来自石油和煤焦油，苯是最简单、最典型的代表。

天然的植物熏香原料，大致可分为树脂类、香花类、香木类、果类、香叶类和根茎类六大类。下面根据不同的分类分别列举出一些常用的熏香植物原料，比如：树脂类的有沉香、乳香、樟脑、龙脑、安息香等；香花类的有蔷薇、茉莉、含笑、栀子、白兰花、公丁香、玫瑰等，其中玫瑰精油具有优雅、柔和、细腻、芬芳四溢的玫瑰花香，两滴玫瑰精油即可制成一升上好的香水，基于此，其价格昂贵，被称为“液体黄金”；香木类的有松、柏、檀香、肉桂、桂枝、降真香等；香叶类的有甘松、薄荷、紫苏、艾等；果类香料有豆蔻、橘、橙、柚、木姜子等；根茎类香料有白芷、香附子（雀头香）、郁金、蓬莪术、青木香（马兜铃属根茎）、当归、地黄、干姜等。显而易见，不同的香料具有不同的香味，这是为什么呢？前面说到，这些香薰植物含有醇、酮、酯、醚类芳香族化合物因而具有独特香味，一般来说，物质的气味会随着化合物化学结构的变化而变化。根据化合物中官能团的类型，化合物气味可分为醇味、酯味和醛味，例如，大多数酯都具有淡淡的水果味；化合物的顺反异构也和香气有关，比如从茉莉花中提取的茉莉酸甲酯，顺式茉莉酸甲酯和反式茉莉酸甲酯相比香气能传得更远，茉莉花香气也更浓烈，而反式茉莉酸甲酯则有一股脂肪臭味，作为香料是没有多大使用价值的。

此外，“沉、檀、龙、麝”被称为世界四大名香，其中沉香被称为“香中之王”，成为众香之首。沉香是香树在被虫咬或者真菌感染发酵等特殊环境下经过长年累月“结”出来的，其成分包含树脂、树胶、挥发油、木质等多种成分，将其放入水中则会下沉，所以称为“沉香”。通常，十年或数十年树龄的香树才有较发达的树脂腺，才有可能结香，因此沉香的价格也相对较贵。多数沉香在常态下几乎闻不到香味，而熏烧时香气浓郁，香味持久，甚至有人称“物体中最纯净的是钻石，味觉中最纯净的就是沉香”。沉香是瑞香科植物，不仅属国家二级保护植物，还是应用广泛又极其珍贵的传统中药材，药用历史已有1500多年，中医古籍中记载了含沉香成分的方剂795个、配方1168个，集中在治疗胃弱、腹痛、心痛、肾虚等方面。沉香叶的提取物具有抗氧化作用，能有效清除体内的氧自由基。

这些香型植物不仅可以散发出怡人的香味，同时也含有一些杀菌物质，有效地消灭空气中的细菌，净化空气。已有研究显示，蔷薇和茉莉的香味能杀灭白喉和痢疾杆菌；尤其像茉莉花、玫瑰香、檀香，不仅可以驱除室内的秽浊之气，而且有抑制病菌与病毒之功效；香叶天竺葵的香气能镇静人的神经。而生活中常见的消毒卫生香，也是利用了熏香这一原理，达到净化空气的目的。所谓的消毒卫生香，是指采用某些具有杀菌或抗菌作用的中草药（比如鱼腥草、苍术、艾叶、藿香等），选择合适的药性含量和助燃剂相结合，由此制成各种形状的卫生香。通过对消毒卫生香的鉴定，结果显示其对细菌繁殖体有较强的杀灭能力，如果在房间内使用卫生香60分钟以上，其对空气中自然菌的消除率可达到90%以上，且性能较稳定。

1.2.3 躬行实践——制作香包

【实验目的】

香包于2008年入选我国第一批国家级非物质文化遗产扩展项目名录。通过学习制作粽子香包，了解香包的构成和制作流程，感受我国具有悠久历史的香文化的魅力。

【实验材料】

针线、木珠、流苏、剪刀、挂绳一根、一块好看的长方形布料、干燥的艾草、干燥的薰衣草。

【实验步骤】

如图1-8所示：

① 将挂绳放在布料正中间。

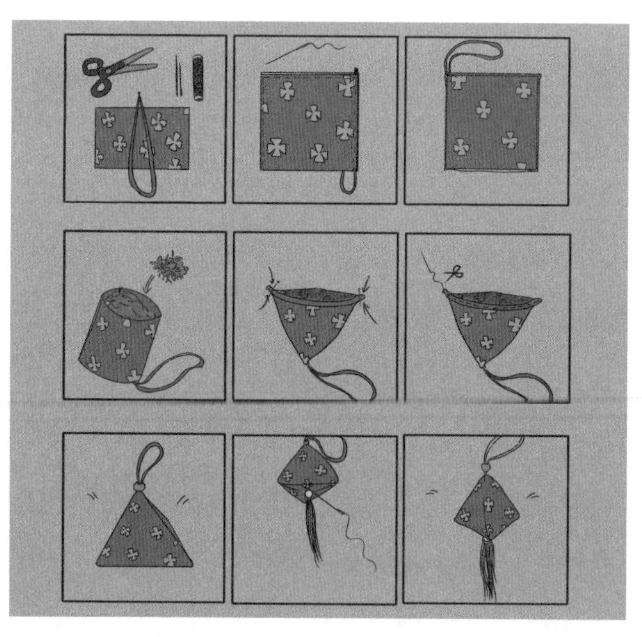

图1-8 制作香包示意图

② 对折布料，使有花纹的一面在里面，将其中两边缝合，一边不缝，留作返口。

③ 从返口将布袋翻转一面，放入适量的艾草和薰衣草填充。

④ 整理返口对齐，使其成三角状。

⑤ 藏针或者卷针缝合返口处。

⑥ 整理每个角落，在挂绳上穿上木珠，底部最中间位置缝上流苏。

⑦ 剪去剩余的线头，完成制作。

思考

除了上述实验中所制作的粽子形状的香包外，还有圆形、葫芦形、桃形以及小孩儿喜欢的飞禽走兽——虎、豹等形状。试着做做其他形状的香包，思考还有哪些植物可以做成香包。

1.3 针所不为，灸之所宜

尽管针灸作为中医传统治疗手段而被大众所熟知，但很多人不清楚的是，其实“针”和“灸”指的是两种不同的治疗手段。针指代的是银针施治，而灸则是类似于今天西医常见的一种“雾化疗法”。正所谓，针所不为，灸之所宜，强调了中医中这两种手段既不同又互补的关系。

传统艾灸历史悠久，在数千年的发展史中，大量医学家和劳动人民在对抗疾病的过程中，积累总结了许多利用艾灸调理疾病的临床经验，促使艾灸的使用逐步系统化、理论化。由于艾灸操作方便，适用症状广泛，效果显著，不仅可艾灸病症，而且可以强身健体，所以数千年来艾灸深受广大人民群众的喜爱。

1.3.1 从艾灸到艾文化

人类对于艾的认识起源于“艾能生火”，在冰天雪地中，人们发现艾可以生热承火。西晋《博物志》中记载：“削冰令圆，举而向日，以艾承其影，则得火。”诗词歌赋中也常出现艾的身影，借艾抒情，睹物凝思。《庄子》中记载“越人熏之以艾”，《春秋外传》中记载有“国君好艾，大夫殆”。历代儒学家们赋予了艾更多的含义，如用“艾人”尊称老年人，《礼记》曰：“五十曰艾，服官政。”郑玄注：“艾，老也。”记载中也有借艾比喻漂亮、美丽甚或小人，《桃花扇》载：“积得些金帛，娶了些娇艾。”《离骚》载：“何昔日之芳草兮，今直为此萧艾也。”（意即：为什么从前的这些香草，今天全都成为荒蒿野艾。）

“灸”字最早出现在《庄子·盗跖》中：“丘所谓无病而自灸也。”对于灸字，在《说文解字》中写道：“灸，灼也，从火，久声。”意思是用火灼烧。艾与灸的结合也是因为火，是在古人采用树枝、柴火等取火，用于熏、熨、灼、烫来消除病痛这一基础上逐渐发展起来的。

艾生命力顽强，在我国生长范围广，并且气味芳香、性温易燃、火势温和，因此逐渐取代了树枝燃料，成为灸法的最好材料。艾可以生火，而火则可以灸病，因此艾与灸相结合便成了艾灸。甲骨文中有一个字，其形状恰似一个人躺在床上，腹部安放着一撮草，用艾灸治病的示意。根据《左传》中的记载，晋景公于鲁成公十年生病，医缓受命前来诊断，医缓说：“疾不可为也，在肓之上，膏之下，攻之不可，达之不及，药不至焉，不可为也。”（意即：您的病位在盲之上，膏之下，如果我用灸的方法，攻邪不下，如果用汤药的方法，药效不达，不能再医治了。）晋朝的杜预在注解中解释说“攻”指的就是艾灸。由此说明，春秋战国时期就有用艾蒿进行艾灸治疗的例子。汉代张仲景的《伤寒杂病论》中记载有“可火”与“不可火”，所谓的“火”，指的就是艾灸。《黄帝内经》中更是多篇提到艾以及艾灸，比如《灵枢·官能》云：“针所不为，灸之所宜。”《灵枢·经脉》云：“陷下则灸之。”华佗特别擅长艾灸疗法，并拓宽了艾灸疗法的使用范围，史载：“若当灸，不过一两处，每处不过七八壮，病亦应除。”

艾在社会发展的过程中已经逐步形成为一种浓郁的艾文化，蕴含了独特的文化属性，历久弥新的艾文化和艾灸疗法依然有着强大的生命力，值得继承和弘扬。

1.3.2 “化”尽其用——“灸”其根本

艾草（图1-9），一种菊科多年生草本植物，其叶子类似于菊，表面深绿色，背面是带有绒毛的灰色。艾草叶气味芳香，味辛、微苦，性温热具纯阳之性，被称为“草中钻石”。如上节所说，艾草与其它香薰植物一样具有芳香气味，关于我们所闻到的“香气”，其实分子（化合物）才是它们的“本尊”，这些挥发性物质刺激鼻腔内的嗅觉细胞而引起了我们的嗅觉。在我国盛产艾叶的地区中，湖北蕲州的艾草最佳，叶子厚实而且绒毛多，也被称为蕲艾。艾叶经过加工便可制成细软的艾线，对艾线进行搓捏便可形成艾灸条（图1-10），易于燃烧。

艾灸是中国传统针灸疗法中的一种，是以艾条为灸疗材料，配合人体特定的穴位，利用点燃的艾条所产生的特殊刺激，来激发精气，进而使人体紊乱的生理功能得到恢复，以达到保健、治病的目的。中医认为，艾灸具有温通经脉、调和气血等功效，而

图1-9　艾草

图1-10　艾灸条

这些功效是由于灸火的热力和药物作用，通过经络的传导而产生的。现代科学研究表明，艾条点燃后，会生成温热效应。所谓温热效应，就是在灸法治疗的时候，患者会有温热感。其可以增进血液循环，增强皮肤组织的代谢能力，也有助于消除炎症、血肿等，同时还有镇静、镇痛的作用。艾条点燃后还会产生红外光辐射，以增加身体血液流动、减少浮肿，又可以促进身体代谢，增强身体免疫力。

艾叶的主要化学成分为挥发油、黄酮类、硫醇类、微量元素等，其中挥发油是艾叶的主要成分。所谓挥发油，是具有挥发性、可随水蒸气蒸馏而又与水不混溶的油状液体的总称，多为无色或淡黄色，常温下为透明液体，具有浓烈的香味。艾灸发挥作用的原因其实是燃烧的生成物吸附在皮肤表皮上，随着温度的升高，生成物从皮肤渗入，达到治疗的效果。此外，悬挂艾叶时，艾叶中的挥发性物质易挥发于空气中，形成天然消毒气幕。艾叶中的天然杀菌、抗病毒成分可以在鼻窦腔、喉头以及气管中形成“药膜”，大量积聚抗体，达到灭菌、杀毒、防止染病的效果，故悬挂艾叶及燃烧艾叶的确能祛除毒气，除污浊，净化空气。

无论是古代还是现代，艾草都被用来制作蚊香，鉴于艾草具有清除室内异味和驱灭蚊虫等功效，适合家庭、学校、卫生间和新装修的房屋等家庭和公共场所进行消毒，从而达到预期的效果。研究表明，如果将一定量的艾叶在20立方米空间内燃烧，其灭菌率几乎达到百分之百。另外利用艾草的通气活血之效，艾叶煎水可以用来熏洗皮肤湿疹，有减轻瘙痒和消除皮损的作用，也有的地方用干艾草泡水熏蒸以消毒止痒。不仅如此，艾草浸制液还能治慢性肝炎、

哮喘、扁桃腺炎等疾病。总之，艾草这种古老而神奇的原生态草药必将为人类做出更大的贡献。

1.3.3 躬行实践——自制艾条

【实验目的】

通过上述对艾草的认识，我们知道艾草具有一定的医药和保健功效，日常生活中艾草制品更是随处可见。下面，通过自制艾条，一起了解艾条的结构和制作流程，感受历史悠久的艾文化的魅力。

【实验材料】

桑皮纸、胶水、艾草、研钵、研磨机、剪刀、簸箕。

【实验步骤】

① 摘取艾草上的艾叶并将叶梗和杂质去除。

② 置艾叶于簸箕中，阳光下晾晒至干。

③ 再次挑拣出干燥艾叶中的叶梗及杂质。

④ 将干燥艾叶放入研磨机打碎或者手工舂碎（舂出来的品质更好，能够保持纤维不断），直至艾叶变成绒状（艾绒）。

⑤ 取桑皮纸平摊于桌面。

⑥ 将上述制作好的艾绒均匀摊平在桑皮纸上。

⑦ 从桑皮纸一端开始往另一端卷，直至卷到尾端用胶水粘牢。

⑧ 待上一步胶水晾干后，再用胶水将圆柱形艾条两底部封口，制作完成。

思考

① 请查阅相关资料了解艾条的使用方法、功效以及注意事项。

② 目前，常见的艾灸方法归纳起来总共四种：直接灸、悬灸、隔物灸以及电子艾灸。请尝试通过阅读书籍或上网查阅资料了解相关内容，思考哪些人群不适合艾灸。

第2章

上善若『水』

2.1 以柔克刚，水滴石穿

水乃生命之源，是构成生命结构的基本物质。老子的《道德经》第八章说："上善若水。水善利万物而不争。"这句话的意思是：人的最高品行就像水一样。因为水能够润泽万物的生长，却不和万物争夺名利。在道家学说里，水至善至柔。但水虽柔，却可克刚。滴水久之可穿石，使角角棱棱的石头日臻圆润。故道家认为"以柔克刚，水滴石穿"乃人生之道。

2.1.1 上善若水：流淌在东方的水文化

水作为人类必不可少的自然资源，从始至终与人类的生产生活以及文化相联系，与人类结下了不解之缘。纵观世界，人类恢弘壮丽的史诗文明大多起源在大河流域，是水势滔滔的尼罗河孕育了灿烂的古埃及文明，幼发拉底河的消长荣枯影响了巴比伦王国的盛衰兴亡，地中海沿岸的自然环境造就了古希腊、古罗马文化的摇篮，流淌在东方的两条大河——黄河与长江，则滋润了蕴藉深厚的中华文明。

对于水的认识，人类很早就开始探索。无论东方还是西方，古代朴素的物质观都认为水是一种基本的组成元素。在中国古代，五行之说盛行，常见于哲学、占卜和中医学中。金木水火土五行代表着中国古代的一种物质观。木代表生长的物质；火代表可以散发热能的物质；土代表自然本身；水代表流动的物质，可以循环；金代表坚固的物质。五行之间相互关联，维系着自然的平衡，展现了中国古人对于物质及其关系的理解。在古希腊形成的物质组成学说“四元素说”（土、风、水、火）中也包含有水。五行说与四元素说等虽然承认了世界的物质性，但是在很长一段时间里却阻碍了化学的发展。

那么从科学的角度应该如何解释水呢？水(H_2O)是由氢、氧两种元素组成的无机物，结构式为H—O—H（两氢氧键间夹角104.5°，详见图2-1），在常温常压下为无色无味的透明液体。水分子有很强的极性，能通过氢键结合成缔合分子。液态水除含有常见的水分子外，还含有缔合分子$(H_2O)_2$和$(H_2O)_3$等。水是我们生活中最常见的物质之一，地球上几乎所有生命生存都离不开水，同时水也是生物体最重要的组成部分。在生命的演化之中，水起到了重要的作用。

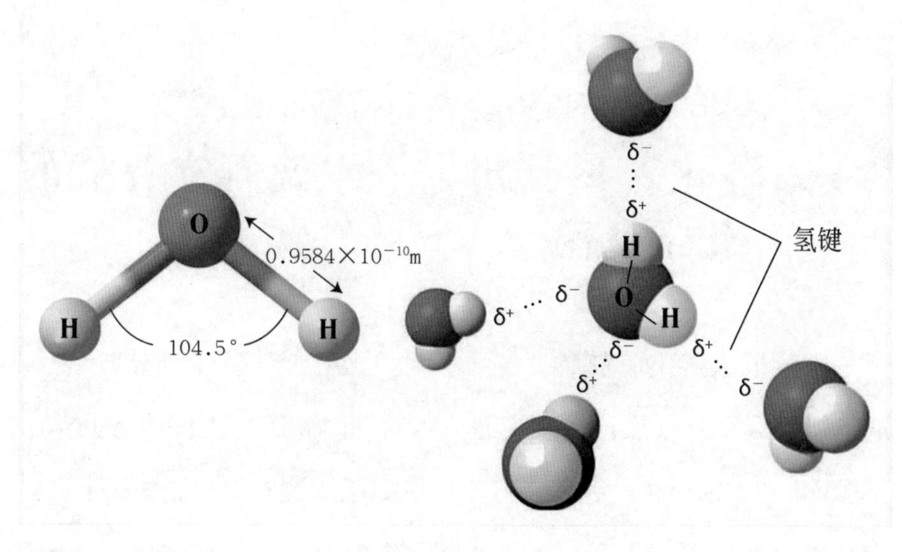

图 2-1　水分子结构

在中国古代社会，面对着兼具养育与破坏能力的水，人们对于水的力量产生了水崇拜。古人通过赋予水以神的灵性，从而通过祈祷希望水能给人类带来幸福、丰收与安宁。古代诗人描写河水、江

水的诗词不胜枚举。刘禹锡的《浪淘沙》“八月涛声吼地来，头高数丈触山回。须臾却入海门去，卷起沙堆似雪堆”，描绘了八月十八钱塘江潮的恢弘壮丽场景。

在现代社会，人类常围绕着水建立城市村庄，以此解决日常灌溉、饮用和排污问题。现代工农业发展更是需要大量用水，因此水道的分布对经济布局有重要的影响。此外，河道同时解决了运输、贸易问题，人们可以通过水路运载来往游客与货物，从而大力发展经济。除了对水本身进行利用，智慧的人类也大力发展对水能的运用，水电站就是把水能转变为电能的工程设施。当然，水的力量往往是人类无法控制的，水涝灾害和洪水肆虐使周边人们胆战心惊，所以人类积极修建水利工程，以保护自身的安全并利用水能。

2.1.2 “化”尽其用——水滴石穿背后的化学奥秘

宋朝罗大经的《鹤林玉露·一钱斩吏》有这样的记载：宋朝时，崇阳县令张乖崖，在巡视时见到管理财库的小吏鬓角旁的头巾下藏着一文钱，便下令拷打小吏。小吏不服道：“一文钱算什么！你只能打我，不能杀我！”张乖崖援笔判曰：“一日一钱，千日千钱，绳锯木断，水滴石穿。”故判小吏死刑。判决起到了很大的震慑作用。从此以后，崇阳县的偷盗之风被刹住，社会风气也大大好转，这便是成语“水滴石穿”的出处。水滴石穿的意思是指水不断地滴，可以滴穿石头，比喻坚持不懈，集细微的力量也能把困难的事情做好。

“水滴石穿”是怎么做到的呢？一般认为，是水滴长年累月地冲击石面，所以形成了凹陷。其实，除此之外，其中化学反应的作用也是不可忽视的。因为地球大气中含有一定的二氧化碳（CO_2），部分溶于雨水中发生化学反应生成碳酸（H_2CO_3），使雨水呈微弱酸性，滴在岩石上，岩石的主要成分为碳酸钙（$CaCO_3$），碳酸钙与碳酸发生了化学反应，生成可溶于水的碳酸氢钙[$Ca(HCO_3)_2$]，从而出现了“水滴石穿”的现象。

此外，水还可以与空气中的其他物质发生化学反应形成酸雨，出现另类的“水滴石穿”现象，如石雕腐蚀。酸雨之所以会腐蚀石类的建筑物和文物古迹，是因为一般建筑物所用大理石的主要成分是碳酸钙（$CaCO_3$），因而遇到酸雨时易被腐蚀。例如印度著名的文物古迹泰姬陵，由于受到酸雨的腐蚀，表面的大理石逐渐失去光泽，原本乳白色的墙体逐渐泛黄，甚至呈现锈色。我国北京的国子监街孔庙内的“进士题名碑林”，碑上镌刻了元、明、清三代51624名中第进士的姓名、籍贯和名次，距今已有700余年历史，是我们探寻和研究中国古代科举考试制度的珍贵文物资料。然而近年，同样由于大气污染和酸雨，许多块石碑表面出现了严重的腐蚀甚至剥落，具有珍贵历史价值的石碑已变得面目皆非。除了对文物的影响，酸雨还会对人体造成多方面的危害，例如会使人体免疫功能降低，导致慢性咽炎和支气管炎以及哮喘等呼吸道疾病发病率增加，对于儿童和老年人等人群的影响更加严重。此外，酸雨会使河水、湖水酸化，从而影响水中鱼类的生存繁殖，严重者甚至导致鱼群大

量死亡。除了对水质的影响，酸雨还会使土壤酸化，危害植物和农作物的生长，抑制土壤中有机物的分解和氮的固定，淋洗与土壤粒子结合的钙、镁、钾等营养元素，使土壤贫瘠化。

酸雨是雨、雪在形成和降落等过程中，水与空气中的二氧化硫（SO_2）、氮氧化合物（NO_x）等物质反应，形成的pH小于5.6的酸性降水，可分为硝酸型酸雨和硫酸型酸雨。酸雨可能来自于天然排放源，如动物死尸和植物败叶在细菌作用下可分解某些硫化物继而转化为二氧化硫，火山爆发喷出的二氧化硫气体以及森林火灾等；也可能来自于人工排放源，如煤、石油和天然气等化石燃料燃烧。中国的酸雨主要因大量燃烧含硫量高的煤而形成，多为硫酸雨，少为硝酸雨。此外，各种机动车排放的尾气也是形成酸雨的重要原因。如图2-2所示。

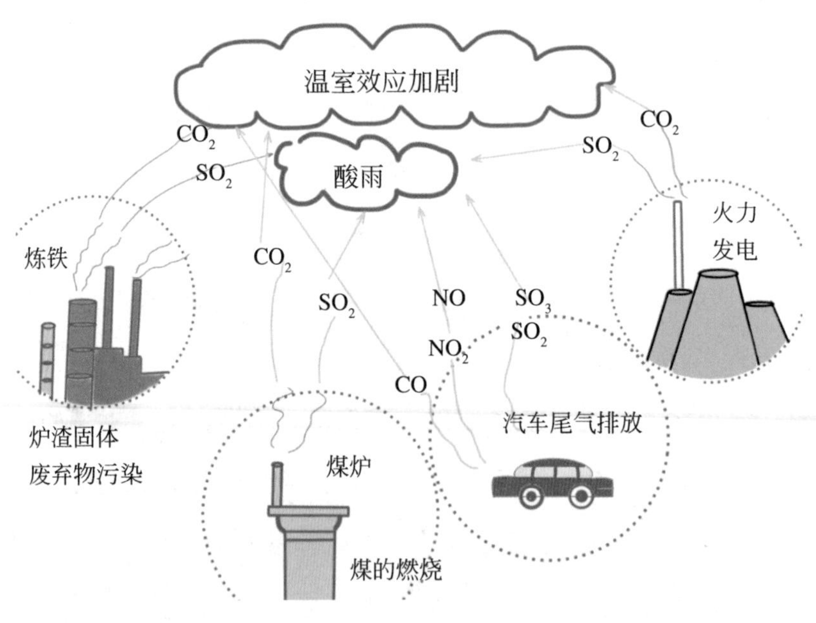

图2-2　酸雨的形成

2.1.3 躬行实践——酸雨的危害模拟实验

目前，人类面临着多种环境问题，其中酸雨已成为重大危害之一，其危害影响工业、农业及日常生活。因此，我们需要进一步了解和研究酸雨的形成及危害，认识到保护环境的重要意义。如何利用身边的一些物品来模拟酸雨的危害呢？下面提供了一个简易方案。

【实验原理】

首先了解这个实验中硫酸型酸雨的形成原理：适量硫黄在空气中燃烧生成二氧化硫气体，在喷水作用下，溶解并形成“酸雨”，通过观察“酸雨”对幼苗的影响，可以观察判断出酸雨对动植物产生的影响。

硫黄燃烧生成二氧化硫：$S + O_2 \xlongequal{点燃} SO_2$

二氧化硫和水作用生成亚硫酸：$SO_2 + H_2O = H_2SO_3$

亚硫酸在空气中可氧化成硫酸：$2H_2SO_3 + O_2 = 2H_2SO_4$

【实验材料】

燃烧匙，酒精灯，火柴，药匙，橡皮塞3个，气球1个，玻璃导管数根，硫黄，树叶，清水，洗发水瓶，大塑料瓶，夹子2个。

【实验步骤】

① 如图2-3所示，连接好实验仪器。

② 关闭夹子A，向大塑料瓶中加入适量的清水后，再放入几片树叶，向洗发水瓶中也加入适量清水。

③ 在燃烧匙上放入足量硫黄，加热燃烧匙待硫黄燃烧后，将其

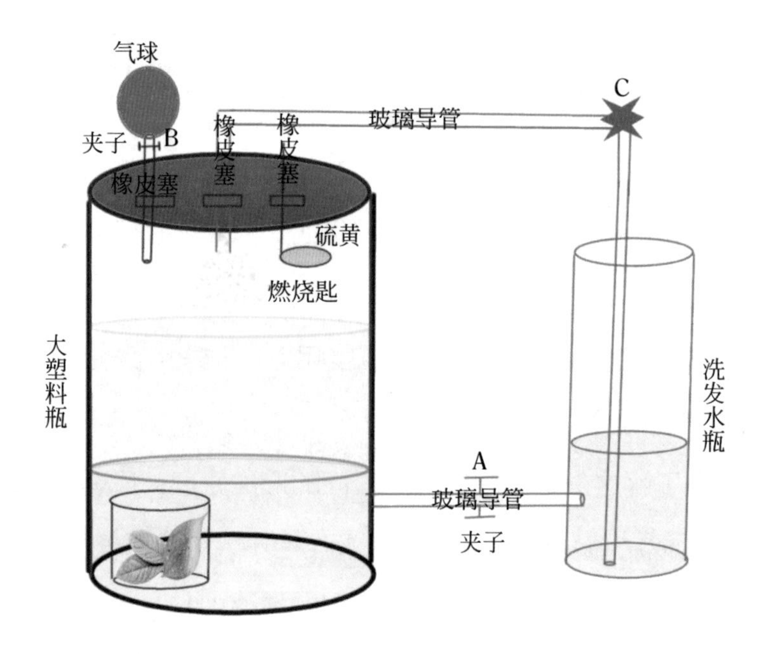

图 2-3　酸雨的危害模拟实验装置图

放入大塑料瓶中，并盖紧盖子，同时打开夹子B，让气球中的氧气进入大塑料瓶中。

④ 等硫黄燃烧完后，打开夹子A，用手不断按压洗发水瓶的喷头C，此时可观察到大塑料瓶中的玻璃导管出口处，有连续不断的水滴喷出。

通过这个实验我们观察到：在实验开始之前，树叶青翠，但是随着连续不断的水滴喷入瓶中，叶子慢慢地变黄。

思考

该实验还可以利用身边的哪些物品进行改进模拟呢？读者们可以发挥您的想象和创新能力，做出不同的尝试。

2.2 濯污扬清，开源“洁”流

问渠那得清如许？为有源头活水来。——朱熹《观书有感》

水为食之先，乃生命之源。水中通常含有悬浮物、胶体物、溶解物、重金属等物质。悬浮物包括泥沙、藻类、细菌、病毒、微生物等；胶体物是一种具备腐殖质性质的物体，它能使水变色；溶解物指水中可溶解的各类物质；重金属就是铅、汞、砷等。因此，自然界中的河水、湖水、海水、井水等是不宜直接饮用的，在饮用前需要对水进行净化与处理。

并不是只有现代人才有净水意识，自古以来，人们对于如何净化水的研究从未停止。智慧的古人，创造了很多净水的“神操作”，让我们看看古人是如何净水的。

2.2.1 古代净水：浊水变清的秘密

《汉书·郊祀志》有这样的描述：元鼎二年（公元前115年）春，汉武帝修建了高达20丈（将近70米）的承露盘采集天地之甘露，再和玉屑饮之。他认为用该方法采集的甘露是上天所赐，饮用可以延年益寿。虽然露水比河水等更加安全清洁，同时添加玉屑解决了补充微量元素的问题，但是，这样的承露盘耗资巨大，除了帝王，常人是很难享用的，并且露水的清洁和玉屑的作用也是非常有限的。

到了唐代，人们开始寻找其他方法来代替珍稀的露水，他们发明了一种叫“漉水囊”的器具，有过滤作用。我国唐代著名的茶学

家陆羽，在他的著作《茶经·四之器》中有一段关于处理饮用水的阐述："漉水囊，若常用者。其格以生铜铸之，以备水湿无有苔秽、腥涩之意；以熟铜，苔秽，铁，腥涩也。"通过这些描述我们知道，漉水囊的外壳是用生铜浇铸，因为铜离子可以杀菌，从而达到净水的目的。但是，在当时，铜器也并非寻常百姓都能用上，所以这种净水方法也并没有广泛推行。此外，古时也有人用竹篾木制作漉水囊，但是木竹质地柔软，并不适合长时间使用。还有人用油布袋来存装漉水囊。"圆径五寸，柄一寸五分"，准确地记录了这种净化滤水器的造型、规格和尺寸。

当从井里打上来的水水质浑浊时，古人经常使用磁石、钟乳石、榆树皮、明矾、杏仁等物品净化饮用水。还有一种过滤酒水用的植物——苞茅。在祭祀时，古人把苞茅捆扎在一起，把它放置在木盒中，用来过滤掉酒水中的渣滓，以提高纯净度。即使在今日，

图 2-4　竹炭净水

湖北等地还保持这种苞茅缩酒的传统习俗。古人净水常用的方法还有炭洗法，利用木炭吸附力强，能吸附灰尘和杂质的特点，对水质进行净化。此外，古时江南一带，人们在地上挖一深坑，用石子铺好井底，垒起井壁，并在井壁外围填充竹炭，再在竹炭外围垒起石子，通过这样的三层壁垒，就完成了一口水井（图2–4）。这样的方式充分利用了竹炭的净水功能，地底水经过井壁中竹炭的净化过滤，打上来的井水就变得清澈洁净。这种古井的制作方式和对竹炭的运用，充分体现了古人的智慧。

在探索古人净水的奥秘中，我们发现古人经常使用明矾来净水，这项技术仍保留至今。关于我国采用明矾净水的正式文字记载，最早可以追溯到明朝宋应星于崇祯十年(1637年)刻印的科技类百科全书——《天工开物》。甚至外国人对中国这项净水技术也有详细的记载。清朝乾隆九年至十一年（1744—1746年），一位叫纳瓦雷特的西班牙教士写作的《中国帝国游记》一书明确记录，在中国他目睹了一项神奇的发明——黄河沿岸的大部分百姓都熟练掌握了利用明矾使黄河水变为清水的技术。他还感慨道："这是自然的秘密，为当时西方所不知。"

2.2.2 "化"尽其用——净水知识知多少

通过上面的介绍我们知道了古人是如何净水的，现代生活中，净化水常用的方法有哪些呢?

化学沉淀法是利用明矾等溶于水后生成的胶体对杂质的吸附，使

图 2-5　明矾

杂质沉淀，来达到净水的目的。那么，明矾是一种什么物质呢？

十二水硫酸铝钾（图2-5），化学式为$KAl(SO_4)_2 \cdot 12H_2O$，俗称明矾、白矾、钾矾、钾铝矾、钾明矾，无色透明块状结晶或结晶性粉末，无臭。生活中明矾可用做中药。明矾性寒味酸涩，具有止血止泻、解毒杀虫、燥湿止痒、清热消痰等功效。明矾在生产中也有多种用途，可用于制备油漆、纸张、防水剂等。由于明矾的化学成分为硫酸铝钾，含有铝离子，若食用过多含有铝元素的食物，在幼年阶段会影响神经细胞的发育，成年后会导致大脑反应迟钝。国家食品卫生部门有明确规定，不准用含有铝元素的薄膜包装食物，同时已经禁止明矾用于食品添加剂。

在我们的生活中常用明矾净水，那么明矾净水的原理是什么呢？

明矾这种盐类在水中会发生电离，生成两种金属离子K^+和Al^{3+}：

$$KAl(SO_4)_2 = K^+ + Al^{3+} + 2SO_4^{2-}$$

而Al^{3+}在水溶液中发生反应，生成了具有吸附性的氢氧化铝胶体$Al(OH)_3$：

$$Al^{3+} + 3H_2O \rightleftharpoons Al(OH)_3\ (胶体) + 3H^+$$

氢氧化铝胶体具有较强的吸附能力，可以吸附水里悬浮的杂质，并形成沉淀，使水澄清。所以，明矾是一种较好的净水剂。

除了利用明矾等物质的化学沉淀法之外，还有吸附沉淀法，它是用具有吸附作用的固体过滤水，不仅可以滤去水中的不溶性物质，还可以吸附一些具有臭味的杂质。例如：有些净水器就是利用活性炭来过滤、吸附水中的杂质的。

此外，水中还含有细菌和病毒等，因此还需要进行杀菌、消毒才能安全饮用。常用的消毒试剂包括漂白粉、氯气及新型消毒剂二氧化氯等。统计数据表明，全球有80%的国家都是使用氯气来消毒自来水的。消毒的方法是，把氯气或者二氧化氯通入水中，形成次氯酸和次氯酸根，它们具有超强的氧化能力，从而起到杀菌消毒的作用。杀菌消毒后的自来水出厂时，水里游离氯含量≥0.3毫克/升，经过长长的管道运输，进入每家每户后，自来水游离氯含量≥0.05毫克/升。注意这里采用的标准是大于0.05毫克/升而不是小于，这表明自来水中需要残留下部分少量的次氯酸和次氯酸根，来实现对细菌的抑制。也就是说，在运输过程中，自来水中需要存在一定的“余氯”才能保证卫生，如果家里的自来水一点氯都没有的话，反而说明不安全。所以，为了我们的安全着想，自来水里面还是加氯比较好。同时为了减少余氯对身体的危害，建议大家可以在用自来水之前，将水静置一会儿，让氯气挥发挥发（图2–6）。

图 2–6　氯气净水

在化工以及医药等行业，需要用到高纯度的蒸馏水。蒸馏是指根据各物质沸点不同的原理，把相互溶解的液体物质进行分离的一种方法。通过蒸馏法把水加热沸腾呈汽化状态，然后将水蒸气冷凝成为蒸馏水，所以，蒸馏水中没有任何杂质。但是，获取蒸馏水需要大量耗费热能，性价比不高；同时，如果人体长期饮用蒸馏水，就无法从水中获得人体所需的微量元素。因此，日常水厂供水是不可能提供蒸馏水的，也没有必要这么做。

2.2.3 躬行实践——净水小实验

净水的方法多种多样，一般来说可以分为物理方法和化学方法。现在让我们一起来通过有趣的科学小实验，深刻认识水，探索“干净的水”的来源。

（1）利用“毛细现象”净水

【实验原理】

纸巾内部有很多细小的“管道”，水吸附在这些细小的管道内侧，由于内聚力与吸附力的差异，水能借助纸巾慢慢地输送到空杯中。而泥沙等物质不能被吸附，从而泥沙和水分离，空杯中得到干净的水。这种现象称为“毛细现象”（图2-7）。

图 2-7 “毛细现象”净水

【实验材料】

杯子2个、纸巾、泥土、自来水。

【实验步骤】

① 取一个杯子装入适量泥土，加入自来水搅拌成泥水。

② 把纸巾叠为长条形，纸巾一端放入空杯中，一端放入泥水中。每隔半小时观察现象并记录。

③ 整个实验一共需要观察2个小时，每隔半个小时观察一次，2个小时后对比两个杯子的变化。

（2）模拟自然净水

【实验材料】

一个长有茂盛绿植的花盆、一个只有土壤的花盆、泥水两杯各100毫升、玻璃杯2个（图2-8）。

图2-8 模拟自然净水实验所需材料

【实验步骤】

① 向两个花盆中慢慢倒入等量的100毫升泥水。

② 用玻璃杯分别接住从两个花盆中流出的水。

③ 观察两个水杯中的浑浊度情况。

通过上面的实验步骤，我们观察到绿植的神奇功效，相同浑浊度的泥水倒入长有绿植的花盆中，水流出后变得清澈，而倒入只有土壤的花盆中，水流出来却变得更加浑浊（图2-9）。这是什么原因导致的呢？给我们有哪些启示呢？

图2-9 模拟自然净水实验现象

资料卡片

四川成都活水公园湿地生物净水系统

活水公园建于1998年，位于成都市锦江区，不仅是成都锦江生态修复工程的一部分，也是世界首座城市综合性环境教育公园。府河中的污水流入公园，依次流经厌氧池、水流雕塑、兼氧池、植物塘、植物床、养鱼塘等水净化系统，向人们展示了水由浊变清、由死变活的生命过程，故取名“活水”。活水公园工艺流程如图2-10所示。

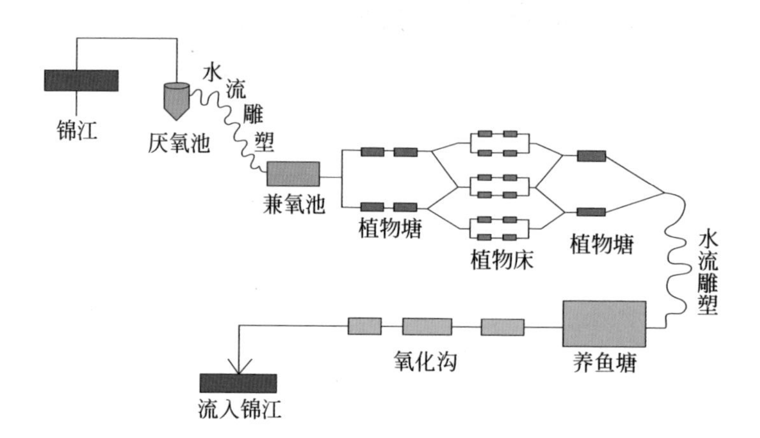

图2-10 活水公园工艺流程图

2.3 海纳百川，煮海为盐

君不见黄河之水天上来，奔流到海不复回。——李白《将进酒》

水是人类赖以生存和发展的重要资源。水资源缺乏是目前全世界都面临的问题，制约着社会的进步和经济的发展。统计数据表明，全球用水总量每15年就翻一番，预计到2030年，地球上将有1/3的人口面临淡水资源危机。地球的表面虽然有71%被水覆盖，但其中97.5%是海水，在余下的2.5%的淡水中，又有69%是人类难以利用的两极冰盖。人类可利用的淡水只占全球水总量的0.77%。也就是说，我们可用的淡水屈指可数。因此，节约水资源是维持可持续发展的重要途径。但是，节约用水也不能改变可利用的淡水总量。所以，人类需要大量地利用海水，从而解决目前全世界淡水缺乏的困境。

在古代社会，人们就已经开始积极地探索海洋，利用海水。中国有着漫长的海岸线、众多的岛屿，有关炎帝之女精卫填海的神话反映了远古人类要战胜海洋的愿望。自先秦以来，我国沿海地区的农业经济区得到了大力发展，生活在沿海地区的人民世世代代与大海打交道，他们靠海、用海、崇拜海，创造了无数灿烂绚丽的海洋文化。

2.3.1 煮海为盐：看古人对海水的利用

我国“煮海为盐”由来已久。《世本》一书中有“夙沙氏煮海为盐”的记载。传说炎帝时期，夙沙氏生活于潍坊滨海一带，他发现海水煮后剩余的白色粉末味道咸鲜，该粉末用于煮鱼或者肉，更添食物的鲜美。由此，人类发现了对身体智力发育进化有益的食盐。春秋战国时期，沿海各地的鱼盐之利为富国之本。汉、魏时期，史书常有“煮海为盐”的记载。

在元代，部分地区出现利用自然的太阳光晒制海盐的方法（即日晒法），但“煮海为盐”的作坊依然盛行。

日晒法制盐，是利用滨海滩涂，筑坝开辟盐田，通过纳潮扬水（有自然纳潮和动力纳潮两种方式）吸引海水灌田，而后经过日照蒸发变成卤水。随着盐度的不断增加，首先沉淀者为硫酸钙，当盐类浓度达到饱和时，开始以晶体形式析出氯化钠——原盐。日晒法生产原盐，生产方法简便，产量倍增，并且节约能源，成本低廉，得到的原盐质量也有保证。

古人除了利用海水制盐外，在海水中也发现了不少海洋药物。我国是海洋大国，也是最早开发与利用海洋药物的国家，从春秋时期开始，中医就广泛运用海洋药物。《黄帝内经》中记载有以鲍鱼汁治血枯的方法，《山海经》中记载海洋药物27种。我国现存最早的中药学专著《神农本草经》总结了汉代以前的药物知识，记载了海藻、海蛤、乌贼骨等海洋药物10种，其中多数至今仍在沿用。

同时，古人也积极探索着海洋科学和自然观。庄周、屈原等人进一步思索：既然海纳百川，为什么海水不会满？不管大旱还是大涝，为什么海平面稳定不变？在先秦时，人们就已经建立起大海广阔无垠、深不可测的海洋观，《吕氏春秋》提出了水分海陆大循环的学说。唐宋时期，许多潮汐家提出了多样的潮汐专论。宋代发明了用于测量卤水浓度的莲子比重计，这也是世界上最早的液体比重计。宋代姚宽的《西溪丛语》中有这样一段话：“予监台州杜渎盐场，日以莲子试卤，择莲子重者用之。卤浮三莲、四莲，味重；五莲，尤重。莲子取其浮而直，若二莲直，或一直一横，即味差薄。若卤更薄，即莲沉于底，而煎盐不成。闽中之法，以鸡子、桃仁试之，卤味重，则正浮在上；咸淡相半，则二物俱沉。与此相类。”其详细记载了我国古代制盐工人测定盐卤密度的两种方法：一是用浮莲法；二是根据鸡蛋或桃仁的浮沉情况来测定。这两种方法，与现代所用的浮子式比重计的原理是一致的。

2.3.2 “化”尽其用——海水的综合利用

到了现代，人们积极探索着海洋，希望能对海水合理运用，目前主要包括海水直接利用、海水淡化和开发海水化学资源三大方面。

海水直接利用是指，用海水代替淡水作为工业用水、生活用水和农业用水。工业用水方面，海水可以直接作为电力、化工、橡胶、纺织、机械、印染、制药、制碱及海产品加工等行业的用水，从总的情况来看，工业冷却用水占海水总利用量的90%。生活用水方面，除了饮用、沐浴等，还可以利用海水冲厕、消防等等。农业用水方面，用海水灌溉农作物已经获得了较好的成果。除了上述三个方面对海水的直接利用，人类还可以利用潮汐能源。

海水淡化是人类孜孜不倦追求的梦想，从古至今有着各种从海水中去除盐分的故事和方法。在现代社会，我们掌握了十多种淡化海水的方法，下面介绍用途最为广泛的几种。

在早期，人类主要利用太阳能进行海水的蒸馏淡化，我们把早期的太阳能海水淡化装置称为“太阳能蒸馏器”。它具有结构简单、取材方便等优点，这种方法沿用至今。同时，该方法还进行了多种改良与发展，例如多效蒸馏淡化技术，工作原理是让加热后的海水在多个串联的蒸发器中蒸发，前一个蒸发器蒸发出来的蒸汽作为下一蒸发器的热源，并冷凝成为淡水，使蒸发所耗的热能得到充分再利用，从而降低能耗。

电渗析法（图2-11）是随着海水淡化工业发展而产生的一种新方法，该法的技术关键是新型离子交换膜的研制。离子交换膜按其选择透过性分为正离子交换膜（阳膜）与负离子交换膜（阴膜）。电渗析法是将具有选择透过性的阳膜与阴膜交替排列，组成多个相互独立的隔室，海水被淡化，而相邻隔室海水浓缩，淡水与浓缩水得以分离。电渗析法不仅可以淡化海水，也可以作为水质处理的手段，为污水再利用做出贡献。此外，这种方法也越来越多地应用于化工、医药、食品等行业的浓缩、分离与提纯。

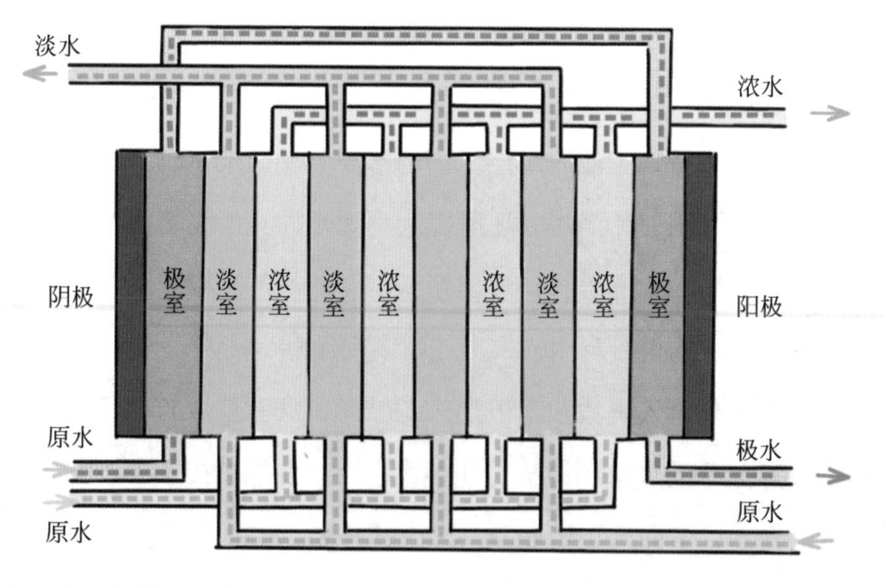

图 2-11　电渗析法工作原理

此外，当今海水淡化领域研究、开发的热点是反渗透法（图2–12），也是我国目前的首选方法。反渗透法是利用只允许溶剂透过、不允许溶质透过的半透膜，利用半透膜将海水与淡水隔开。渗透是指，在没有外力影响下，淡水通过半透膜扩散到海水一侧，因此海水一侧的液面逐渐升高直至一定高度的过程。我们把海水一侧高出的水柱静压称为渗透压。如果对海水一侧施加大于海水渗透压的外压，那么海水中的纯水将反渗透到淡水中，从而实现海水中淡水的分离。反渗透法的最大优点是节能，它的能耗仅为电渗析法的1/2，蒸馏法的1/40。

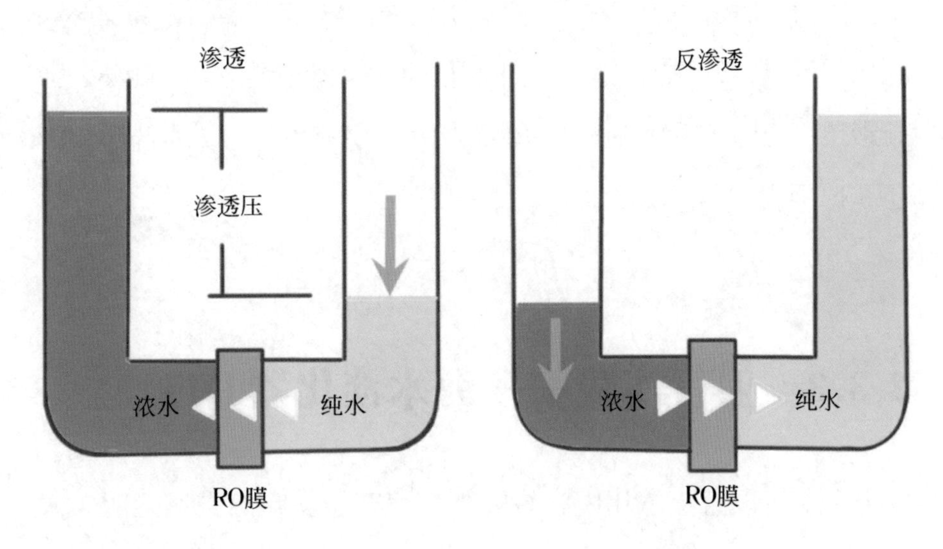

图 2–12　反渗透法工作原理

除了海水淡化外，人类还可以对海水中的化学资源进行利用。海水中含有80多种化学元素，储存着大量的化工原料。海水中有含量大于1毫克/千克的11种化学成分，它们包括：①钠离子（Na^+）、镁离子（Mg^{2+}）、钙离子（Ca^{2+}）、钾离子（K^+）和锶离子（Sr^{2+}）等5种阳离子；②氯离子（Cl^-）、硫酸根离子（SO_4^{2-}）、碳酸氢根离子

（HCO_3^-）、溴离子（Br^-）和氟离子（F^-）等5种阴离子；③硼酸分子（H_3BO_3）。上述化学成分总量占海水中所有溶解成分的99.9%。

人类可以直接从海水中或从海水淡化后的浓盐水中提取各种化学元素，主要是制盐，提取钾、溴、镁、锂、碘、铀等。其中，地球上提取的99%以上的溴都来自于广阔无垠的大海。海水中溴含量约为65毫克/升，总量可达100万亿吨。而钾元素在海水中的含量为第六位，总量可达600万亿吨。我们从海水中提取的氯化钾，可用作肥料，钾肥具有肥效快、易被植物吸收等多种优点。利用钾肥，可以使植物根茎强壮，防止倒伏，同时增强农作物抗寒、抗病虫害能力。海水中的钾在工业上可用于制造含钾玻璃，含钾玻璃因为具有不易腐蚀的优点，常用于制造化学仪器和装饰品。此外，钾元素还广泛用于生活中，可以制造肥皂、洗涤剂，十二水硫酸铝钾（明矾）可用作净水剂。

2.3.3 躬行实践——海水淡化器DIY

海水可以直接饮用吗？统计数据表明，当在海上遇险时，饮用了海水的人与没有饮用海水的人相比，死亡率高12倍。这是为什么呢？

这是因为，假设喝了100克海水，人体为了排出这部分海水中的盐类，就要排出150克左右的水分。因此喝海水反而加快了脱水，并不能达到补充水分的效果。如果喝了海水，只有通过大量饮用淡水进行补救，用大量淡水去稀释。但是如果在海上遇险，由于淡水不足，可以将淡水与海水混合饮用，从而达到补充水分的目的。因此，短期少量饮用海水，对于人体危害并不大。

我们可以通过一些简易的装置来达到淡化海水、获取淡水的目的。下面这个简易海水淡化器（图2−13），通过利用太阳能就可以淡化海水。

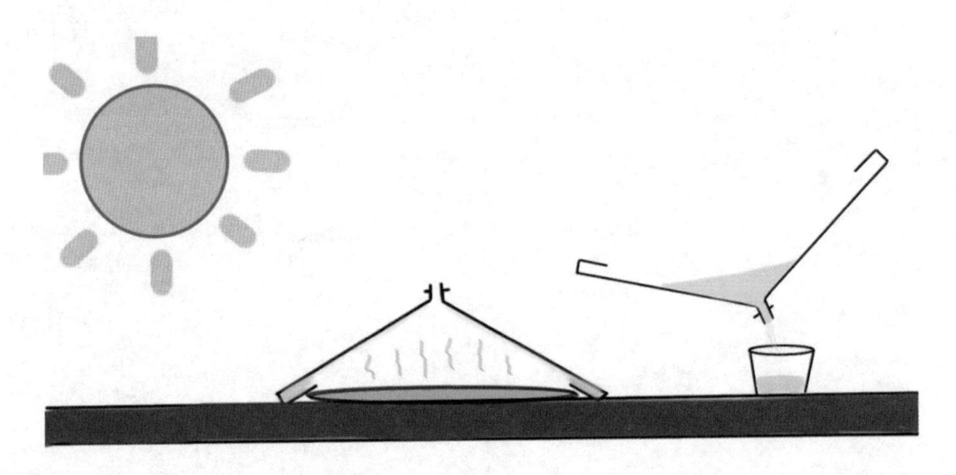

图2−13　简易海水淡化器

【实验材料】

一个透明的带凹槽的漏斗、一个底盘、容器、海水。

【实验步骤】

① 将海水盛入底盘内，将漏斗倒扣在底盘上。

② 当太阳光透过漏斗，内部的海水受热蒸发，淡化的水蒸气逐渐在漏斗壁上凝结成水滴，并顺势流到漏斗四周的凹槽中储存起来。

③ 等凹槽中储存了足量的淡水后，将淡水直接倒入容器，即可获得一杯淡水。

第3章 攻苦茹『酸』

人对物质世界的初级感知，主要来自于五种基本的感官。因此，尽管在现代化学中将“酸”作为一类具有酸性物质的统称，但酸最初的含义却是用于表示一种统一的味觉——酸味。而在中国传统饮食文化中最具代表性的酸味食品则首推醋。醋的主要成分是乙酸，乙酸俗称醋酸。

3.1 添得醋来风韵美，试尝道甚生滋味

据文字记载，在我国，醋有着三千多年源远流长的历史。作为生活中不可缺少的“开门七件事——柴、米、油、盐、酱、醋、茶”中的醋，历尽千年沧桑，已不仅仅是一种调味品，更是一种深入人心的中国文化。那么醋最初是如何被发现，并逐渐发展形成中华璀璨的醋文化呢?

3.1.1 醋的起源与发展

“民以食为天”是中华民族的传统情结。“调以咸与酸，笔以椒与橙”，在古代就有百姓使用酸来烹饪食物的记载。元代李寿卿在《寿阳曲·切鲙》中写道：“金刀利，锦鲤肥，更那堪玉葱纤细。添得醋来风韵美，试尝道甚生滋味。”诗句中描写的是元代时期的百

姓用食醋来去除锦鲤的腥味，做出美味佳肴。醋自古以来就是非常重要且常见的调味绝品。南宋人吴自牧《梦粱录》写道：“盖人家每日不可阙者，柴米油盐酱醋茶。或稍丰厚者，下饭羹汤，尤不可无，虽贫下之人，亦不可免。”

除调味外，醋还可入药。我国传统医学认为食醋性质温和，味道带有酸涩，具有开胃、养肝、散瘀、止血、止痛、解毒、杀菌等功效。汉末著名医学家张仲景在《伤寒杂病论》等著述中，记有苦酒汤治咽中生疮，黄芪芍药桂枝苦酒汤治黄汗等。陶弘景在《名医别录》中注："酢酒为用，无所不入，愈久愈良，亦谓之醯。以有苦味，俗呼苦酒。”在古代人们便发现了醋对于人体身心健康有着非常大的益处，其中的原因根据现代科学技术可以解释清楚：醋中丰富的有机酸可以促进糖的代谢，醋中的挥发性物质及氨基酸等能刺激人的大脑神经中枢，使消化器官分泌大量消化液，提高人体消化功能。

关于醋的起源，有许多不同的说法。在醋没诞生之前，古人主要用梅等具有酸味的物质作为酸来调味。东汉末年曹军“望梅止渴”的故事脍炙人口，家喻户晓。《尚书》中记载，“欲作和羹，尔惟盐梅”，就是将梅子捣碎获得梅子汁来调味。梅子汁虽然和醋一样都有酸酸的味道，但它们的本质却是不一样的。梅子变成梅子汁发生的是物理变化，而醋是酒经过“酸化”这个化学变化而来的。

相传醋是杜康的儿子黑塔发明的。杜康发明了酒，被尊为酒圣。他儿子黑塔在作坊里也跟着学酿酒技术。后来黑塔觉得酿酒后的酒糟扔掉可惜，就在缸里浸泡存放起来。二十一天后，一开缸，一股香气扑鼻而来，黑塔尝了一口，酸甜味美，便贮藏起来

用作调味剂。黑塔用“酉”（酒）加上“昔”（二十一日）字来命名这种调料，在古代，“酉”即“酒”，意思是酒经二十一日即成“醋”。醋的英文为vinegar，源于法文vinaigre，意思是酒（vin）发酸（aigre），即醋源于酒的酸败。这和我国有关醋的来源不谋而合。

我国是世界上用谷物酿醋最早的国家，早在公元前8世纪就已有了醋的文字记载。春秋战国时期，已有专门酿醋的作坊，《论语》中就有醋的记载。关于醋的酿造，东汉著作《四民月令》中记载："四月四日可作酢，五月五日亦可作酢。"这里的“酢”即为醋，说明当时有酿醋的固定时间。北魏贾思勰撰写的《齐民要术》中则系统地总结了我国劳动人民从上古到北魏时期的制醋经验和成就，这也是我国现存史料中对粮食酿造醋的最早记载。

在我国，北有山西老陈醋，南有四川阆中保宁醋，是传统酿制醋的名特产代表。

山西老陈醋原产于清徐县，清徐县是山西醋的正宗发源地，也是中华食醋的发祥地。老陈醋色泽黑紫，“绵、酸、甜、醇厚”，回味悠长。其酿制技艺具体分为以下几步：

第一步：粉碎。将精选的高粱、甘薯、黑米、黑豆等原料用石磨研磨粉碎。

第二步：蒸料。在粉碎好的原料中加入水后搅拌，再放入锅中蒸熏。

第三步：发酵。向蒸熏好的原料中加入醋曲和水，进行酒精发酵。加入麸皮、谷糠让醋酸发酵。

第四步：翻醅。发酵期间要定期不断地手工翻醅。

第五步：淋滤。十天后即成醋糟，将醋糟移入淋缸进行淋醋。

第六步：陈酿。把新醋装缸，放在阳光充足的房间中。经过“夏伏晒，冬捞冰”去除水分，就成为营养丰富的老陈醋了。

山西陈醋经过不断发酵，风味便越来越好，经过一到两年后才食用，所以叫老陈醋。2006年，山西老陈醋酿制技艺经国务院批准，列入第一批国家级非物质文化遗产名录。酿醋技艺体现了古代人民对生活生产的不断探索，凝聚了古代劳动人民的智慧。

四川阆中，古称保宁，气候宜酿，醋文化源远流长。保宁府酿醋始于商周，兴于秦汉，后经明末宫廷酿醋大师索义廷改良配方，融合保宁醋原有工艺，创新采用数十味中药制曲，取嘉陵江地下水酿制麸醋，成为西南麸醋酿造的标准，在中华醋苑独树一帜。保宁醋色泽红棕、醇香回甜、酸味柔和、久存不腐，不仅是调味佳品，还富含多种氨基酸与微量元素，具有开胃健脾、增进食欲等功效。

保宁醋通过42道工序酿制而成，核心工序为制曲、发酵、淋醋、调配、熬制、过滤、陈酿等七大部分。每个过程都包含一系列的化学变化过程。

制曲是保宁醋制作工艺中最为独特的工序之一，在制曲过程中加入了几十味食药同源的中药材，如白芷、葛根、麦芽、砂仁、栀子、茯苓等，曲药从选料、碾磨、压制到自然风干，整个制曲过程大约需要50天。

发酵是将蒸煮好的大米投入石槽中，加入适量的40℃热水，配以碾碎的曲药，搅拌均匀，用草帘覆盖密封3天；然后投入适量麸皮和新鲜醋糟，充分拌匀，采用糖化、酒化、醋化同池发酵。其间，人工

定期翻醅，以控制醋醅的发酵温度和湿度，保持与空气的有氧接触。

淋醋是将发酵成熟的醋醅倒入淋醋池中，经三池逐池套淋后，分别获得特级、一级和二级生醋。

调配是根据不同级别对生醋进行组合调配，以达到酸度与色香味的和谐统一，使保宁醋酸甜柔和，香味浓郁。

熬制是用熬制锅将生醋煮沸，蒸发部分水分，对醋液进行浓缩增味；同时利用高温杀灭醋液中的微生物，使醋的色泽和风味得到较大改善，口感更佳。

过滤是将熬制好的保宁醋经过滤后除去醋液中的沉淀，使醋液澄清、色泽光亮。

陈酿是经过熬制过滤的保宁醋分不同级别装入盛醋缸密封陈酿，在此期间，醋液中的酸、醇、醛、酯、酚、酮类等物质进一步发生各种物理化学反应并相互融合，从而赋予保宁醋独特的风味。

2021年保宁醋传统酿造工艺由国务院批准，列入第五批国家级非物质文化遗产名录。

3.1.2 “化”尽其用——探析“风韵美”的奥妙

醋中有一种重要的化学成分就是醋酸。醋酸（CH_3COOH），又名乙酸、冰醋酸（纯的无水醋酸），是由C、H、O三种元素组成的有机化合物。乙酸的熔点较低，无水乙酸在较低温度下易凝结成像冰一样的晶体，所以无水乙酸又称冰乙酸或冰醋酸。

图3–1是乙酸的物质状态、微观结构和结构式。

厨师在炖鱼时一般要加醋，然后再加点黄酒或白酒，这样可以除去鱼的腥味，使烧出来的鱼更加美味可口。这是因为乙酸和乙醇在加热的条件下发生了酯化反应，产生了酯类物质——乙酸乙酯，这也就是“风韵美”的奥妙了。

酯化反应的实验操作如下：在试管中加入3毫升乙醇，然后边振荡试管边慢慢加入2毫升浓硫酸和2毫升乙酸，用酒精灯缓慢加热装置，将产生的蒸汽经导管通到饱和碳酸钠溶液中。试管内出现分层现象，液面产生了带有香味的油状液体，即为乙酸乙酯。如图3–2所示。

其实，在我们生活中很多地方都能够看到酯化反应的影子。为什么酒是陈年的香？这是因为酒在较长时间的储存过程中，其中的乙醇会氧化成乙醛，乙醛氧

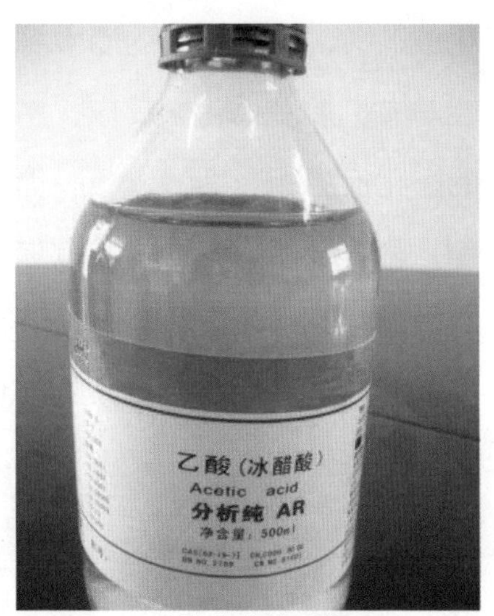

实验室中的乙酸

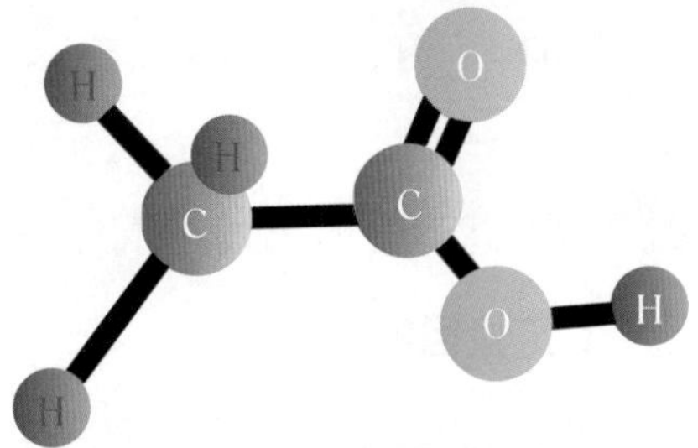

乙酸的球棍模型

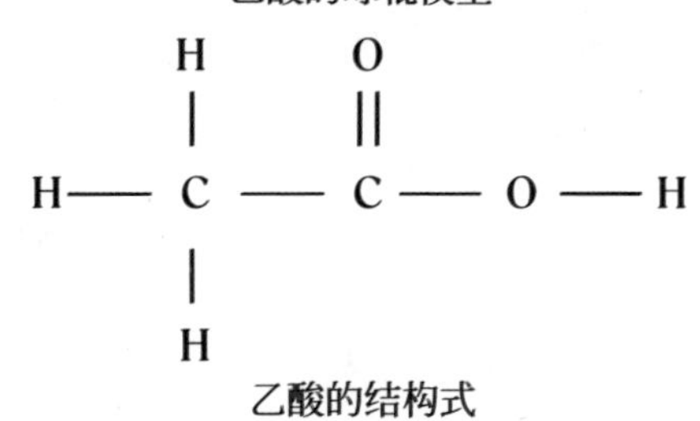

乙酸的结构式

图3–1　从不同角度认识乙酸

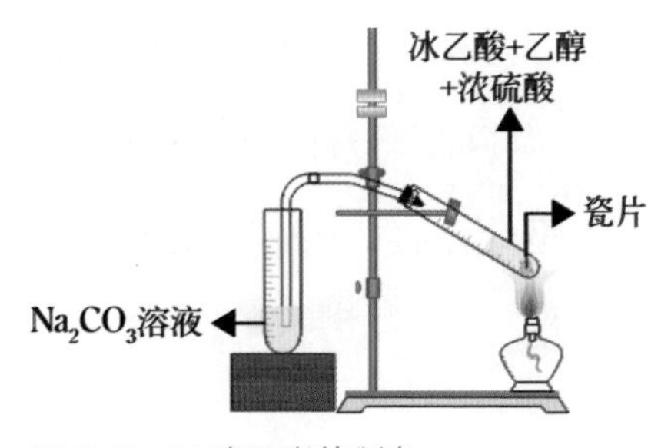

图3–2　乙酸乙酯的制备

化成乙酸，同时酿造的酒本身也含有多种有机酸，而醇类物质就会与有机酸发生化学反应，产生具有特殊香味的酯类物质。酒中的酯化反应相当缓慢，一般优质酒要储存几年后才能变得香气浓郁，酒味醇厚。但酒并非愈陈愈好，酒的生香过程也被称为酒的有效储存期。如果达到有效储存期后仍继续储存，生成的酯类物质又会发生其他比较复杂的变化，使香气变弱、酒味变淡，乃至发生质的变化。

3.1.3　躬行实践——自制食醋

观察家里的陈醋、白醋，并在家中动手制作食醋。

【实验目的】

通过亲手制作食醋，体验古时制醋方法的妙处，并协调多种感官感受醋这种物质。

【实验材料】

陶瓷碗、凉白开、白酒、醋引子、红糖水、保鲜膜、橡皮筋。

【实验步骤】

如图3-3所示：

① 将凉白开倒入干净的陶瓷碗中，不能用胶质或不锈钢容器。

② 向凉白开中加入白酒。

③ 再向碗中加入红糖水。

④ 加一片醋引子。

⑤ 盖好保鲜膜，用橡皮筋封好。

⑥ 放置在无油烟、避光的地方发酵。

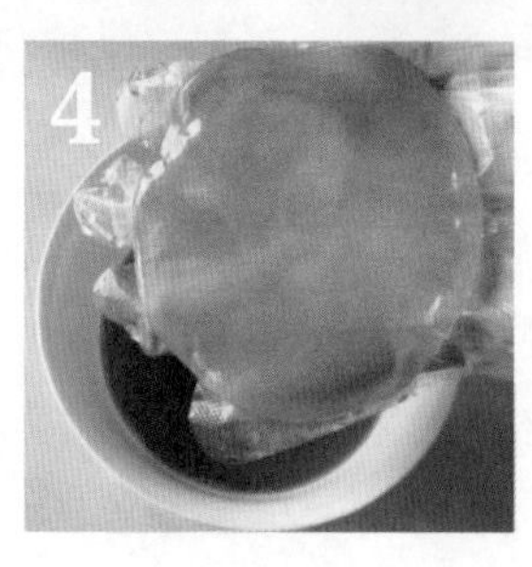

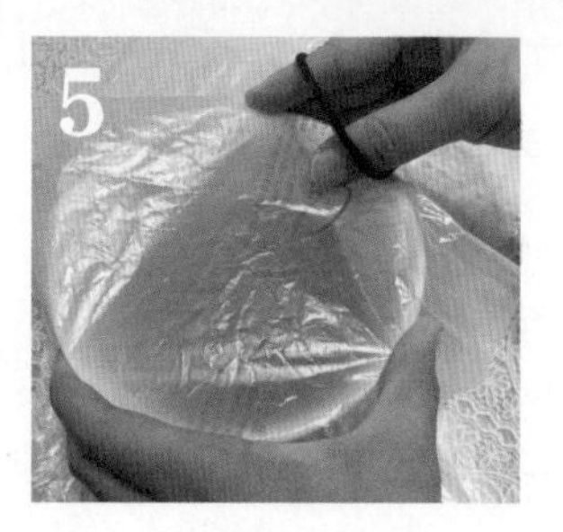

图 3-3　家庭制醋步骤

思考

① 红糖水的作用是什么？

② 发酵时间和温度有何关系？

③ 为什么不能用胶质或不锈钢容器？

资料卡片

食醋妙用

1.清洗锅底污渍

家里的平底锅使用时间久了，锅底会出现黑色污渍。这时，只要往锅里倒点食用醋，再加点儿水煮一下，最后擦拭，锅底的污渍就没有了。

2.空气杀菌

在流感高发的季节，可以用加热食醋的方法，净化空气，起到杀菌作用。

3.清除水垢

水垢（水碱）是一种在水壶和锅炉内壁中坚硬的、黄白色的沉积物。烧水壶多次烧水后，内壁就会有水垢。利用白醋或者陈醋可以有效去除水垢，方法也十分简单。

【材料】

白醋、水、有水垢的水壶（图3-4）。

【操作方法】

① 根据热水壶大小分别放入水和醋。

② 将热水壶里的水烧开。

③ 水烧开后，放置一两个小时。

④ 用流水反复冲洗，直到水壶内壁干净。

图 3-4　食醋除水垢

【原理】

水垢的主要成分是碳酸钙和氢氧化镁，都是难溶于水的物质。

醋酸可以和碳酸钙或氢氧化镁发生复分解反应，生成新的可溶于水的盐，即可除去水垢。

3.2 用水入五金皆成水

清朝皇帝乾隆为纪念西北各个战役的胜利，曾命如意馆西洋画师意大利人郎世宁等人绘制16幅《武功图》，并且制成铜板。赵学敏《本草纲目拾遗》中提到，“强水，西洋人所造，性最猛烈，能蚀五金”，“西人凡画洋画，必须镂板于铜上者，先以笔画铜，或山水人物，以此水渍其间一昼夜，其渍处铜自烂，胜于雕刻”。赵学敏此处介绍的“强水”即我们熟知的无机强酸——硝酸。为什么硝酸可以镂制铜板画呢？这体现了硝酸的什么化学性质呢？

3.2.1 古籍中无机酸的化学性质

在古代，人们只知道一种有机酸，即前面介绍的醋酸。人们发现无机酸要比发现醋酸晚得多。我国最早关于无机酸的明确记载，是从徐光启开始的。明崇祯年间《徐光启手迹》记载了《造强水法》，首次出现了一个专门术语“强水”，即为硝酸，因为硝酸的拉丁文意思就是“强有力的水”。清咸丰五年（1855年）英国学者合信编著的《博物新编》一书中，第一次用中文规范了无机酸的命名。《博物新编》第一集中介绍了硝酸、硫酸、盐酸的性质和制法，并将其分别称为“硝强水”、“磺强水”和“盐强水”。

我们可以从这些古籍中了解无机酸的化学性质。徐光启《造强水法》中记载：“用水入五金皆成水，惟黄金不化水中。”说明硝酸能溶解除金以外的金属。在徐光启之后，明末清初学者方以智在他

的《物理小识》中指出："有硇水者，剪银块投之，则旋而为水。"描述了银块投入"水"即硝酸中溶解的现象。此外，赵学敏《本草纲目拾遗》的《水部》中有："强水，西洋人所造，性最猛烈，能蚀五金。王怡堂先生云：其水至强，五金八石皆能穿漏，惟玻璃可盛。"不仅介绍了强水性猛能蚀金属及矿石，而且还强调了要用玻璃仪器存放硝酸，不可用金属容器。合信在《博物新编》中也谈到了硝酸的性质："其性烈甚，滴物即焦灼黄色，力能溶化水银。"这些都表明硝酸可以与金属发生化学反应。由此我们知道，利用硝酸镘制铜板画《武功图》，正是源于硝酸的这一化学性质。

在古代，人们特别关注无机酸可以溶解金属及矿物的独特性质。合信在谈到盐酸时写道："性味最烈，可化五金。"《物理小识》中有："青矾厂气熏人，衣服当之易烂，栽木不茂。""青矾厂气"指的是煅烧硫酸亚铁后产生的SO_3或SO_2。当这些气体遇水或在湿空气中扩散，就成了H_2SO_4或H_2SO_3以及酸雾，会腐蚀衣服。

盐酸、硫酸、硝酸是常见的无机强酸，通过观察颜色、气味、状态，以及打开试剂瓶瓶盖后的现象，可以发现，三种酸有类似的物理性质（表3-1）。

表3-1　盐酸、硫酸、硝酸的物理性质

项目	盐酸	硫酸	硝酸
颜色、状态	无色液体	无色液体	无色液体
打开瓶盖后的现象	瓶口出现白雾	无明显现象	瓶口出现白雾
气味	刺激性气味	无气味	刺激性气味

此外，酸还有相似的化学性质：

① 使酸碱指示剂变色(非氧化性酸)，紫色石蕊试液或蓝色石蕊

试纸遇酸溶液变红色(不包括硝酸与次氯酸，因为它们有很强的氧化性，变红之后会褪色)。

② 与金属活动性顺序表氢（H）之前的活泼金属的单质反应，生成盐和氢气。

③ 与碱性氧化物和某些金属氧化物反应。

④ 与碱起中和反应，一般生成盐和水。

⑤ 与某些盐反应生成新酸和新盐。要依照复分解的条件来判断是否会发生反应，常见的有强酸制弱酸、高沸点（不挥发性）酸制低沸点（挥发性）酸等。

3.2.2 “化”尽其用——“用水入五金皆成水”原理解析

《造强水法》中介绍了古代制取硝酸的方法：

“绿矾五斤，硝五斤，将矾炒去，约折五分之一。将二味同研细，听用。次用铁作锅，……锅下起火，……取起冷定，开坛则药化为水，而锅亦坏矣。用水入五金皆成水，惟黄金不化水中，加盐则化。化过它金之水，加盐则复为砂，沉于底，……强水用过无力。”

下面我们一起来分析一下《造强水法》中蕴藏的化学原理。

① 古代制取硝酸的原料“绿矾”为七水硫酸亚铁，化学式为 $FeSO_4·7H_2O$；“将矾炒去，约折五分之一”后绿矾变为 $FeSO_4·4H_2O$，绿矾在“炒”的过程中未被氧化。

② “用水入五金皆成水”的原因即为上一小节强调的硝酸可以

溶解金属发生氧化还原反应。以银、汞、铜三种金属为例，它们与硝酸的化学反应方程式如下：

浓硝酸与银的反应：$Ag + 2HNO_3(浓) \xlongequal{\triangle} AgNO_3 + NO_2\uparrow + H_2O$

浓硝酸与汞的反应：$Hg + 4HNO_3(浓) \xlongequal{\triangle} Hg(NO_3)_2 + 2NO_2\uparrow + 2H_2O$

浓硝酸与铜的反应：$Cu + 4HNO_3(浓) \xlongequal{\triangle} Cu(NO_3)_2 + 2NO_2\uparrow + 2H_2O$

③“锅亦坏矣”是因为锅中的铁与生成的浓硝酸发生反应：

$$Fe + 6HNO_3(浓) \xlongequal{\triangle} Fe(NO_3)_3 + 3NO_2\uparrow + 3H_2O$$

④“惟黄金不化水中，加盐则化”意思是黄金不溶于硝酸，在硝酸中加入氯化钠后，黄金则溶解。这是因为Au的金属活动性很弱，硝酸不能将其氧化；加盐(NaCl)后，“强水”中含王水成分，Au可溶于王水。

⑤“化过它金之水，加盐则复为砂，沉于底”的原因是Pb与“强水”反应后生成硝酸铅，加盐(NaCl)后，生成$PbCl_2$沉淀。

⑥“强水用过无力”的原因是“强水”用过以后，生成了硝酸盐溶液，其氧化性减弱或消失。

3.2.3 躬行实践——制作酸碱指示剂

无机酸的一个重要化学性质是可以与指示剂反应，如紫色石蕊试液遇酸性溶液变红。通过观察指示剂加入溶液中的颜色变化，可以鉴别酸性溶液。在生活中，可以利用紫色较深的水果、蔬菜等植物制作酸碱指示剂。这是因为植物中的花青素在不同的酸碱环境中，能呈现出不同的颜色。酸碱指示剂一般是弱的有机酸或有机碱，其共轭酸碱具有不同的结构，且颜色不同，当溶液的酸度改变时，共轭结构发生改变，从而引起溶液的颜色发生改变。

【实验目的】

通过利用常见的植物亲手制作酸碱指示剂，既可以体验生活中的化学，又可以训练实验能力、观察实验现象，理解无机酸的化学性质。

【实验材料】

研钵、试管、胶头滴管、烧杯、纱布、三角梅叶、盐酸、酒精。

【实验步骤】

如图3-5所示：

① 将清洗好的三角梅叶放入研钵中；

图3-5　制作酸碱指示剂

② 用研钵将三角梅叶研磨充分；

③ 加入10毫升酒精，继续研磨、浸泡；

④ 将研钵中浸泡的三角梅叶和浸泡液滤到烧杯口的纱布上；

⑤ 试管中加入少量盐酸溶液，用胶头滴管吸取三角梅浸泡液，向试管中滴加2滴；

⑥ 振荡试管，观察溶液的颜色变化。

【实验现象】

试管中的溶液由无色变为红色。

思考

① 盐酸的作用是什么？

② 影响萃取的因素有哪些？

③ 除了三角梅叶，还可以用哪些植物做指示剂？

盐酸的用途

1.生活用途

胃酸的主要成分是盐酸，它能使胃液保持最适合的pH值，从而激活胃蛋白酶；它还能使食盐中的蛋白质变性从而容易水解，以及杀死食物中的细菌。

2.日常用途

利用盐酸可以制取洁厕灵、除锈剂等日用品。盐酸除锈的操作方法也十分简单，一起来看一下吧。

【材料】

稀盐酸、试管、试管夹、酒精灯、生锈的铁钉。

【操作方法】

如图3-6所示：

① 将生锈的铁钉放入试管底部；

② 向试管中加入少量稀盐酸溶液；

③ 用试管夹夹取试管，酒精灯加热试管底部；

④ 观察现象可以发现，铁钉上的锈迹消失，溶液由无色变为黄色。

【原理】

稀盐酸可与铁锈三氧化二铁发生反应，化学反应方程式如下：

$$Fe_2O_3 + 6HCl = 2FeCl_3 + 3H_2O$$

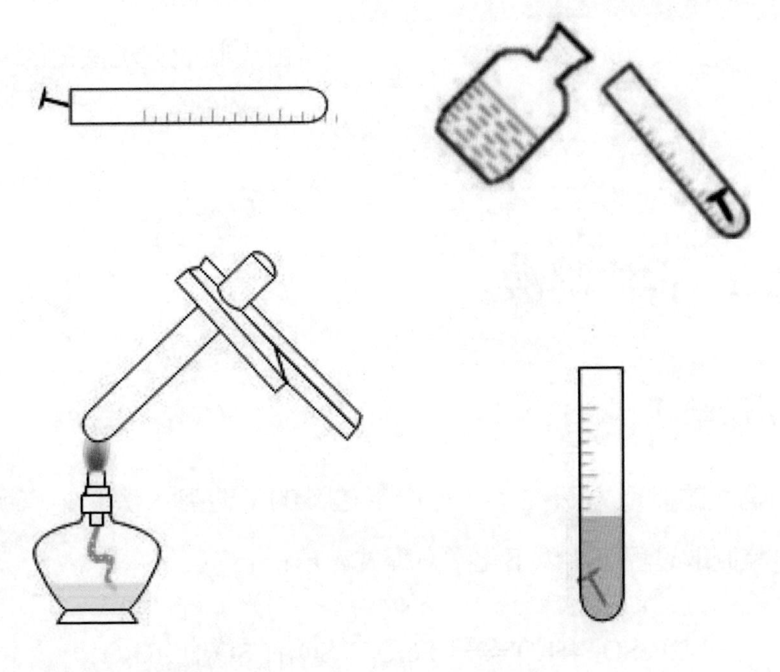

图3-6 盐酸除锈

3.3 气凝即得矾油

在我国古代，人们已经掌握了制作无机酸的基本原料。例如，我国发明的黑火药的主要成分——硝石（图3-7），也是制造硝酸的主要原料（即硝酸钾，KNO_3），这早在汉代的《本草经》中就有记载。制造硫酸所需要的绿矾，古人也早就知道了。至于制造盐酸所用的食盐，则很早就作为调味品应用于日常生活之中。那么我国古代制取无机酸的方法都有哪些呢？

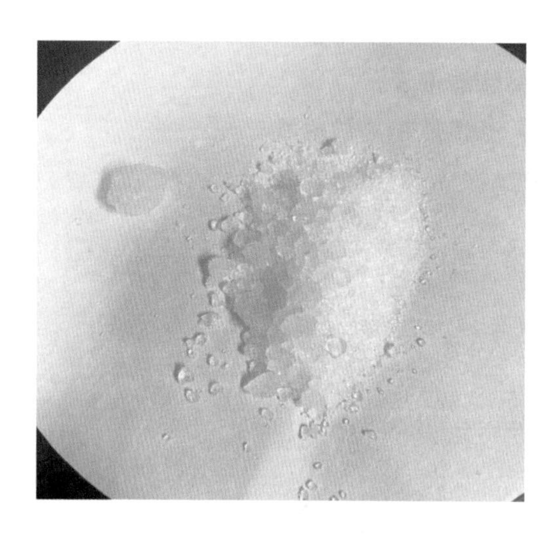

图3-7　硝石

3.3.1 古法制酸

（1）制硝酸

硝酸的制取方法在《徐光启手迹》的《造强水法》中有所记载，其制取过程可用以下化学方程式表示：

$$2FeSO_4 \cdot 4H_2O \overset{\triangle}{=\!=\!=} Fe_2O_3 + SO_3\uparrow + SO_2\uparrow + 4H_2O$$

$$SO_3 + H_2O =\!=\!= H_2SO_4$$

$$KNO_3 + H_2SO_4 = KHSO_4 + HNO_3$$

关于硝酸的制法，《博物新编》中写道：“硝强水(又名火硝油)制法，用火硝一斤、硫磺一斤，同放于玻璃瓢内，以炭火炕其瓢底，即有硝磺汽由瓢蒂而出，接之以罐，使汽冷凝为水，是名火硝油。”

（2）制硫酸

硫酸的制取方法，最早出现在唐初人所辑《黄帝九鼎神丹经诀》卷九中记载的“炼石胆取精华法”，即干馏石胆（胆矾）而获得硫酸。

$$CuSO_4 \cdot 5H_2O \xlongequal{\triangle} CuSO_4 + 5H_2O$$

$$CuSO_4 \xlongequal{\triangle} CuO + SO_3$$

$$SO_3 + H_2O = H_2SO_4$$

东汉时期已广泛使用铁制器物，制得的硫酸却用铜盘来收集，说明东汉时期我国炼丹家对金属活性已有了一定的感性认识。

《博物新编》中也记述了硫酸的制法：“以铅作一密炉，炉底贮以清水，焚硝磺于炉中，使硝磺之气重坠入水。然后将水再行蒸炼，一如蒸酒甑油之法。务使水汽尽行升散，则所存者，是为磺强水矣。”这种方法开辟了工业上大规模生产硫酸的先河。

3.3.2 “化”尽其用——“气凝即得矾油”原理解析

明朝末年，在方以智的《物理小识》卷七和宋应星的《天工开

物》卷十一中，分别叙述了利用铁置换硫酸铜中的铜，即胆铜法制铜，副产青矾($FeSO_4$)和红色氧化铁，及以硫化铁制取硫酸亚铁的工艺，其技术水平相当高，而且已经大量利用。其中方以智文字记载到如下现象："青矾厂气熏人，衣服当之易烂，栽木不茂，惟乌桕树不畏其气。""青矾"（图3-8）即绿矾，强热"青矾"得红色固体，气体冷凝得"矾油"。这些现象中蕴含着怎样的化学原理呢？

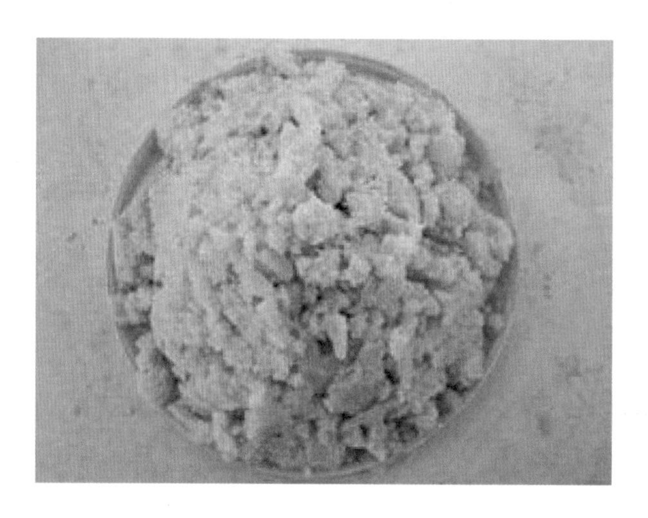

图3-8　青矾

强热"青矾"得红色固体，可用化学方程式表示：

$$2FeSO_4 \cdot 7H_2O \xlongequal{\triangle} Fe_2O_3 + SO_3\uparrow + SO_2\uparrow + 7H_2O$$

在此反应中，生成了SO_3、SO_2具有强烈刺激性气味的气体，这也就是"青矾厂气熏人"的原因了。"衣服当之易烂"的原因是SO_3、SO_2遇水或在湿空气中扩散，形成了硫酸或亚硫酸以及酸雾，遇到衣服会产生腐蚀作用。"栽木不茂，惟乌桕树不畏其气"的原因是硫的氧化物SO_3、SO_2会污染环境，伤害植物，形成酸雨污染土壤，植物枯死，但乌桕树对其有较强的抗性。“矾油”的成分是H_2SO_4。

在化学工艺方面，西汉人刘安所著的《淮南万毕术》载有“白青得铁则化为铜”，意思是说将铁浸泡在硫酸铜溶液中，过一段时间在铁的表面会附上一层铜，这是一个置换反应的例子。而据《神农本草经》记载，这种湿法炼铜的技术在唐朝末年已成为一门化学工艺。这种湿法炼铜工艺需要硫酸帮助，因为只有在硫酸同时存在的条件下，硫酸铜溶液才是稳定的。因为硫酸铜在水中生成碱式硫酸铜并进一步生成氢氧化铜，所以硫酸是湿法炼铜的一个必要条件。

3.3.3 躬行实践——制备硫酸

我国最早的古法制硫酸是分解硫酸铜来制取，现在在实验室中可以利用一种弱酸与硫酸铜反应制取硫酸，这种弱酸便是草酸。这是因为草酸和硫酸铜发生了以下反应：

$$CuSO_4 + H_2C_2O_4 = CuC_2O_4\downarrow + H_2SO_4$$

那么，实验制取硫酸该如何操作呢？我们一起来看一下吧。

【实验目的】

通过实验室制取硫酸，锻炼实验操作能力，并利用上节介绍制作的植物酸碱指示剂，检验产物。

【实验材料】

烧杯、锥形瓶、玻璃棒、量筒、酒精灯、铁架台、三脚架、石棉网、滤纸、漏斗、蒸馏水、硫酸铜、草酸。

【实验步骤】

如图3-9所示：

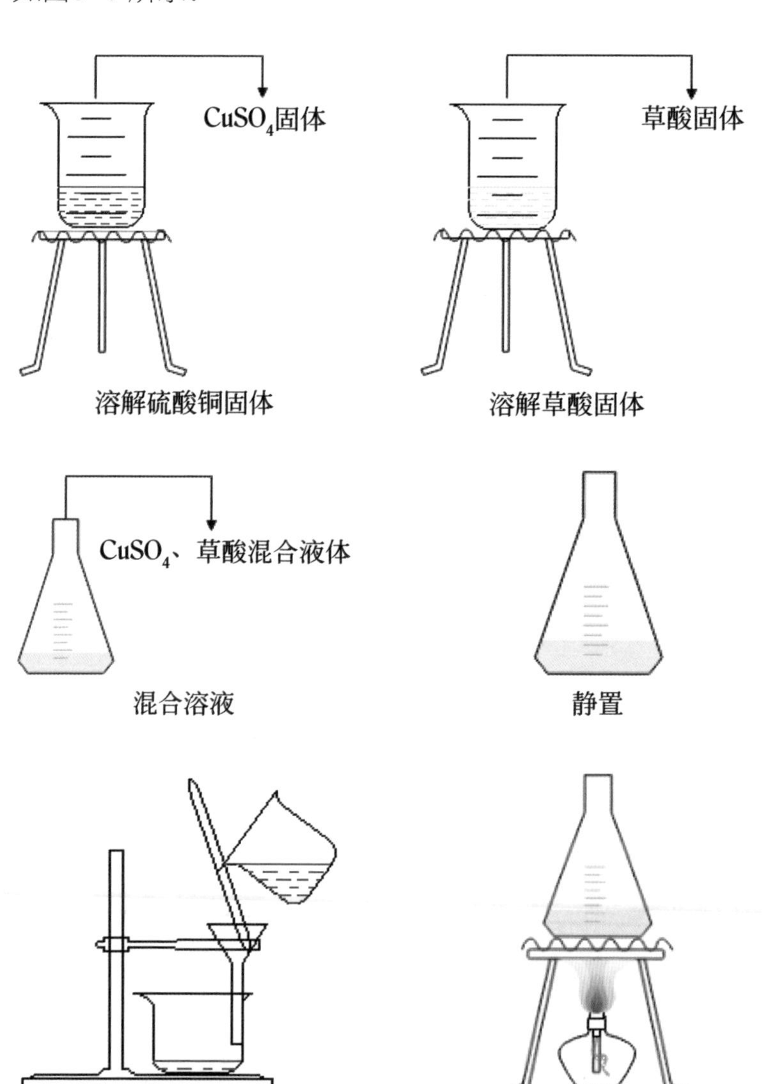

图3-9 制备硫酸

① 在两个烧杯中分别加入硫酸铜固体26.5克和草酸固体16克。

② 再向烧杯中分别加入70毫升蒸馏水。

③ 用酒精灯加热溶解。

④ 加热完毕后，将制好的草酸溶液和硫酸铜溶液加入锥形瓶中静置一段时间。

⑤ 将混合溶液过滤。

⑥ 用酒精灯加热浓缩。

思考

除了利用指示剂，还可以用什么方法检验产物是硫酸呢？

硫酸的用途

硫酸是重要的基础化工原料之一，是化学工业中最重要的产品，号称“工业之母”。硫酸的用途非常广泛，主要用于制造无机化学肥料，其次作为基础化工原料用于有色金属的冶炼、石油精炼和石油化工、纺织印染、无机盐工业、橡胶工业、油漆工业以及国防军工、农药医药、制革、炼焦等工业部门，此外还用于钢铁酸洗。

第4章 时间『碱』史

4.1 千里修书只为墙，让他三尺又何妨

在化学上，碱是一类相对于酸而存在的物质。与酸不同的是，碱并不能用以指代一种基本的味觉，但人们却常常用碱调节酸味。比如，在蒸馒头之前“发面”时，由于面粉发酵会产生大量的酸味物质，人们就用一种碱性物质——小苏打（$NaHCO_3$）来降低酸味。

从现代化学的角度来看，碱是指在水溶液中电离出的阴离子全部是OH^-的物质，如氢氧化钙[$Ca(OH)_2$]、氢氧化钠（NaOH）、氢氧化钾（KOH）等，它们在我国古代有着各自的妙用。首先来看看氢氧化钙。

4.1.1 “六尺巷”识熟石灰

据《桐城县志》记载，清康熙年间张英任文华殿大学士兼礼部尚书。他老家桐城的官邸与吴家为邻，两家院落之间有条巷子。后来吴家要建新房，想占这条路，张家不同意，双方发生了争执。张家人写信给张英，希望他出面解决。但张英返给家人的信中却是一首打油诗：“千里修书只为墙，让他三尺又何妨。万里长城今犹在，不见当年秦始皇。”家人阅罢，深谙其意，遂主动让出宅地三尺。吴家见状，深受感动，也主动让出三尺宅地，于是两家的院墙之间有了一条宽六尺的巷子。六尺巷便由此得名。典故所包含的谦

和礼让精神也是中华传统文化的精神，它不是宽在“六尺”上，而是“宽”在心灵境界与和谐礼让上。

我们从化学角度来解读一下古代建宅需要用的一种关键材料——熟石灰。

熟石灰（图4-1）就是我们熟悉的强碱之一——氢氧化钙（俗称消石灰），是一种微溶于水的白色固体。加入水后，分上下两层，上层水溶液称作澄清石灰水（可以检验二氧化碳），下层悬浊液称作石灰乳或石灰浆，是一种建筑材料。氢氧化钙具有杀菌与防腐能力，对皮肤、织物有腐蚀作用。

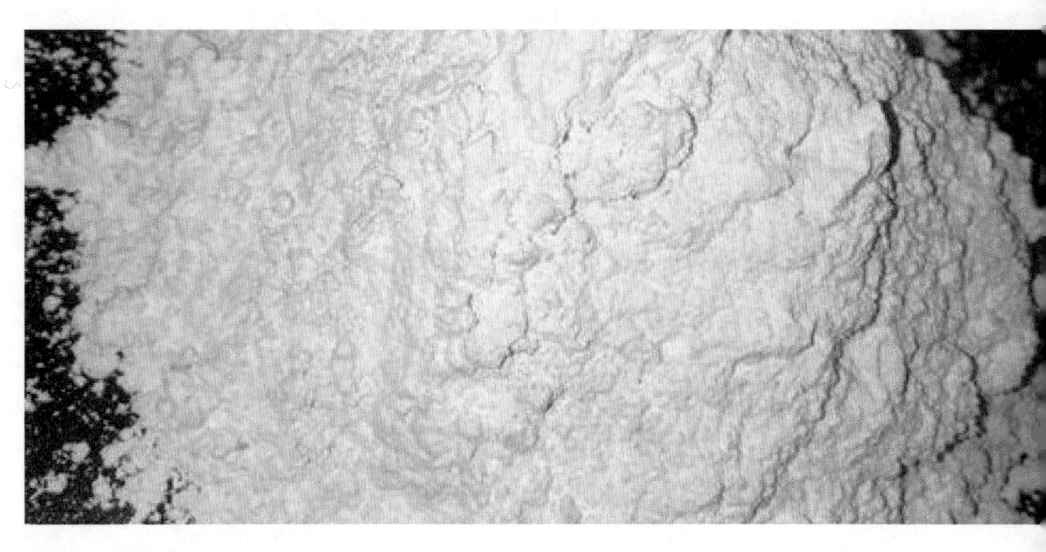

图4-1　熟石灰

氢氧化钙在工业中有广泛的应用，是常用的建筑材料，也用作杀菌剂和化工原料等。它是如何工业生产的呢？

首先，工业上煅烧石灰石：

$$CaCO_3 \xlongequal{高温} CaO + CO_2\uparrow$$

该反应产生生石灰（CaO），生石灰中加水生成熟石灰：

$$CaO + H_2O = Ca(OH)_2$$

其溶解过程放热，所以人们把氢氧化钙称为熟石灰。

建筑工地上经常冒白烟就是制石灰浆（石灰乳）所致。工人们更愿意在夏天制备石灰浆，主要是因为熟石灰的溶解度随温度升高而降低，夏天气温较高，熟石灰的溶解度较小，即溶解氢氧化钙较少，能制得更多石灰浆。

氢氧化钙作为一种强碱又是如何应用到建造房屋上的呢？这是因为氢氧化钙在空气中能与二氧化碳反应，其化学反应方程式如下：

$$Ca(OH)_2 + CO_2 = CaCO_3\downarrow + H_2O$$

由此可以看出，将水泥涂到墙上后，氢氧化钙与空气中的二氧化碳发生反应，生成水，即墙会“冒汗”就是由于水的生成，墙变得坚固的原因则是生成了碳酸钙。但由于空气中的二氧化碳不多，在古代为了使墙更快变硬，就在刚刷好的屋里烧炭生成二氧化碳。而修建房屋时，需要将熟石灰与沙子混合，搅拌均匀后再用来砌砖，这样砌的砖比较牢固。

4.1.2 “化”尽其用——氢氧化钙的应用：改善酸性土壤

除了上文提到的用途——砌砖抹墙，纯氢氧化钙粉末还可以用来改善酸性土壤。在这一过程中，氢氧化钙与土壤发生了什么样的化学反应呢？

我们首先得了解土壤里有什么。在土壤里，有机物分解会产生有机酸，矿物风化产生酸性物质，雨水中含有碳酸，使用硫酸铵、氯化铵化肥，也会使土壤呈酸性。一旦形成酸性环境，吸附在黏土和腐殖质上的碱性金属离子和H^+代换而引起土壤中这些金属离子的缺乏，如果土壤显酸性太强，作物一般就难于生长。我们知道，氢氧化钙是一种碱性物质，这时可播撒熟石灰来缓解土壤酸性，使土壤适合农作物的生长，并促进微生物的繁殖。同时熟石灰中的钙元素还可作为植物生长所需的微量元素。

所以氢氧化钙改善土壤的原理就是酸碱中和，其化学反应方程式为：

$$Ca(OH)_2 + H_2SO_4 = CaSO_4 + 2H_2O$$

$$Ca(OH)_2 + 2HCl = CaCl_2 + 2H_2O$$

在我国南方，酸性土壤常常通过施用熟石灰来调节其酸碱度。根据阳离子代换能力的强弱，钙离子可以将氢离子代换出来。阳离子代换能力还与离子浓度有关，其浓度越大，越容易代换。根据这一原理，人们在生产实践中就有意识地增加某些对土壤有利离子的浓度，人为地控制阳离子代换的方向。在酸性土壤上施用氢氧化钙，就能通过增加钙离子的浓度，把氢离子代换出来。

4.1.3 躬行实践——雨落叶出江花开：指示剂与碱反应

【实验目的】

通过植物指示剂的制备，感受化学与生活的紧密联系，体会化学的趣味性与科学性；通过植物指示剂与苏打溶液的反应，收集实验证据并得出相应结论，借助宏观现象直观感受并验证苏打溶液为碱性物质。

【实验材料】

陶瓷小盆三个，剪刀一把，葡萄皮、紫甘蓝、三角梅等（有色植物都可以试试），95%乙醇溶液，苏打粉，饮用水。

【实验步骤】

如图4-2所示：

① 将三角梅（紫甘蓝、葡萄皮，分三次实验）用剪刀剪成小碎片，放入一个陶瓷小盆（记为盆A）中，加入适量95%乙醇，至浸没三角梅即可。

图4-2 指示剂与碱反应实验

② 在另一个陶瓷小盆（记为盆B）中加入苏打粉和适量饮用水，配置成苏打溶液。

③ 静置约30分钟后，取出三角梅渣扔掉，将盆A中的溶液倒一部分进第三个小盆（记为盆C）中，以便观察。

④ 将盆A中的溶液缓缓倒入盆B中，观察实验现象，并与盆C中的溶液对比。

思考

把盆C中剩下的部分溶液倒入少量醋中会出现什么现象？总结归纳出规律。试着比较一下葡萄皮、紫甘蓝、三角梅三种植物作为指示剂哪种效果最好。

4.2 由“鹼”识烧碱

我们祖先将那些浓度较高的含氯化钠和碳酸钠的水称为“鹵水”。“鹵”这个字很形象，因为浓“鹵水”在太阳的照射下不断浓缩，其中的盐或碱会结晶，而字的方框中那四个点，便象征着结晶出来的盐碱（随着汉字的发展，“鹵”如今简化为卤）。从卤水中可以结晶得到盐和碱，所以在当初造字的时候，“碱”字与“鹵水”有关，它的写法是“鹼”。随后，在长期的流传应用中，人们又造出两个字“碱”和“堿”。最后整理的结果是人们留下了“碱”字，废掉了用得较少的“堿”字。由此可见，在没有正式使用简化字的时候所用的“鹼”逐步演变成了我们现在的“碱”，来指代与酸相对的物质。

其中，氢氧化钠是一种常见的碱（具有强腐蚀性的强碱），俗称烧碱、火碱、苛性钠，一般为片状或颗粒形态，易溶于水并形成碱性溶液，另有潮解性，容易吸收空气中的水蒸气。氢氧化钠是化学实验室中一种必备的化学品。

4.2.1 从古代的洗涤剂了解烧碱

最早人们是通过肥皂了解烧碱的，谈到肥皂，自然有必要先了解一下古时候的洗涤剂。

（1）淘米水

古人开始用淘米水洗漱时，谓之“潘”，相当于洗发露、沐浴乳、洗面奶三合一，还可用于药浴，对腰痛、冻疮都有很好的疗效且能缓解手脚冰冷。在先秦时期，人们就已懂得用谷物来制备洗洁剂。《礼记·内则》说："沐稷而靧（huì）粱。"唐《孔颖达疏》称："沐，沐发也；靧，洗面也。取稷粱之潘汁用。"古人也会用谷物的"汁液"来洗脸，他们说的"潘汁"，其实就是今天常见的淘米水，这在当时谷物并不富足的年代也算是一种奢侈品了。淘米水含水溶性维生素及多种矿物质，不仅是一种绿色营养型洗涤用品，还能消炎止痒，长期使用还能使皮肤顺滑。

（2）皂角

皂角（图4-3），俗称皂荚，是皂荚树所结的果实。皂角中含有皂苷，它的水溶液能生成泡沫，有去污性能。皂荚有多种，去垢力有强有弱。唐初的《新修本草》说，应选用"皮薄多肉者"，亦称"肥皂"，但这与现代的以氢氧化钠皂化油脂制成的肥皂不同。南宋周密《武林旧事》中提到，将肥大的皂荚磨碎制成"肥皂团"，现仍在沿用。明代李时珍《本草纲目》中还记载了皂角的制作方法："十月采荚，煮熟捣烂，和白面及诸香作丸，澡身面，去垢而腻润，胜于皂荚也。"这和现在的香皂相比，形制上也颇相似。

图4-3　皂角

（3）猪胰

北魏贾思勰的《齐民要术》提到，猪胰可以去垢。动物的胰腺含有多种酶，可以分解脂肪等各种大分子物质，有去垢作用。在冬季使用，还可以保护皮肤，使皮肤滋润，以免开裂，因为脂肪分解后会产生甘油，可以润泽皮肤。

（4）澡豆

考古学家在意大利庞贝古城遗址中发现了制肥皂的作坊，说明罗马人早在公元2世纪已经开始了原始的肥皂生产。中国古代魏晋时期人们除了知道利用草木灰和天然碱洗涤衣服，还使用一种名为“澡豆”的洗涤用品。到了唐代，“澡豆”仍然盛行。孙思邈的《千金要方》和《千金翼方》曾记载：把猪胰腺的污血洗净，撕除脂肪后研磨成糊状，再加入豆粉、香料等，均匀地混合后，经过自然干燥，晒成一颗一颗的类似于豆子的形状，便做出洗涤用途的“澡豆”。将猪胰腺研磨增强了胰腺中所含消化酶的渗出，混入的豆粉中含有皂苷和卵磷脂，后者有增强起泡力和乳化力的作用，不但加强了洗涤能力，而且能滋润皮肤，所以它算是当时一种比较优质的洗涤剂。然而，由于大量取得猪胰腺这种原料委实困难，所以澡豆未能广泛普及，只在少数上层贵族中使用。

（5）胰子

人们将澡豆的制备工艺进行改进，在研磨猪胰腺时加入砂糖，又以纯碱代替豆粉，并加入熔融的猪脂，混合均匀后，压制成球状或块状，这就是“胰子”。胰子在化学组成上和今天的香皂极相近，而且产品种类更多样，桂花胰子、玫瑰胰子……与今天各种带有不同香味的肥皂已颇相似了。

4.2.2 “化”尽其用——烧碱的制备与应用

早期人们将碳酸钠和生石灰放入水中混合，加热至99 ~ 101℃进行反应，得到的溶液经澄清、蒸发浓缩，制得液体烧碱。将浓缩液进一步加热蒸发，制得固体烧碱成品（图4-4）。化学反应方程式为：

$$Ca(OH)_2 + Na_2CO_3 = CaCO_3\downarrow + 2NaOH$$

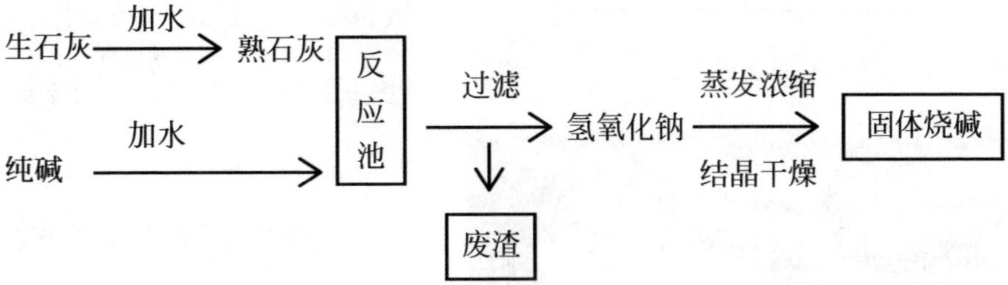

生石灰 —加水→ 熟石灰 → 反应池
纯碱 —加水→ 反应池
反应池 —过滤→ 氢氧化钠 —蒸发浓缩 结晶干燥→ 固体烧碱
过滤 ↓ 废渣

图 4-4　苛化法制烧碱流程图

从1791年法国化学家卢布兰用电解食盐法廉价制取火碱开始，现代工业制备烧碱的方法增加了两种——隔膜电解法和离子交换膜法。

(1) 隔膜电解法

在原盐中加入纯碱、烧碱、氯化钡等物质，再于澄清槽中加入聚丙烯酸钠加速沉淀，经过滤除去钙镁离子、硫酸根离子等杂质，再加入盐酸中和，得到的纯净食盐水经预热后再电解，电解液经预热、蒸发、分盐、冷却，制备得到液体烧碱，蒸发结晶得固体烧碱成品。

$$2NaCl + 2H_2O \xlongequal{电解} 2NaOH + Cl_2\uparrow + H_2\uparrow$$

(2) 离子交换膜法

将原盐按照上述方法除去钙镁离子以及硫酸根离子，把一次精

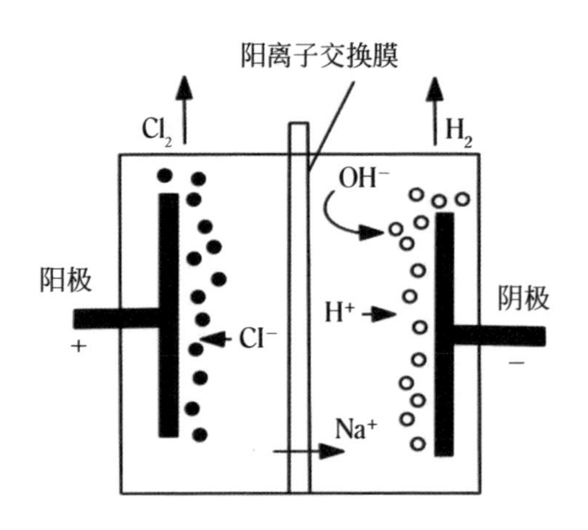

图 4-5　离子交换膜法制备烧碱

制盐水经管式过滤器过滤后，再经螯合离子交换树脂塔二次精制，使盐水中钙镁离子含量降到十万分之二以下，将二次精制盐水电解，可在阴极室中得到质量分数30% ~ 32%的烧碱成品，经过蒸发结晶，制得固体烧碱成品（图4-5）。

图 4-6　各式各样的肥皂

制肥皂是烧碱最古老和最广泛的用途。直到今天，肥皂、香皂等洗涤用品中所用到的烧碱量依然占全国烧碱产量的15%左右。图4-6展现了各式各样的肥皂。

肥皂是脂肪酸金属盐的总称，主要成分为硬脂酸钠($C_{17}H_{35}COONa$)，它的制作原料为油脂和氢氧化钠。

油脂的主要成分是甘油三酯（三酰甘油），它与碱的反应方程式为:

$$(RCOO)_3C_3H_5(\text{油脂}) + 3NaOH \longrightarrow$$

$$3RCOONa(\text{高级脂肪酸钠}) + C_3H_8O_3(\text{甘油})$$

该反应为生产肥皂的原理，故得名皂化反应。

4.2.3 躬行实践——创意手工皂DIY

【实验目的】

通过自己制作手工皂，感受皂化反应的发生过程。

【实验材料】

搅拌器、一次性饭盒、陶瓷碗两个、电磁炉、温度计、植物油、氢氧化钠。

【实验步骤】

① 按照1 ： 8左右的比例取氢氧化钠和植物油。

② 在陶瓷碗中加入氢氧化钠，加水，配成饱和溶液，也可以直接用工业氢氧化钠饱和溶液。

③ 将称好的植物油放在电磁炉上，使用隔水加热（大锅中装有水，小锅中放入精油）的方式加热油脂。用搅拌器搅拌。

④ 按比例将植物油倒入饱和的氢氧化钠溶液中。

⑤ 将温度控制在80 ~ 90℃之间35 ~ 45分钟。搅拌至黏稠。

⑥ 自然冷却后将皂液倒入饭盒中使其自然干燥。

⑦ 风干2 ~ 3天后即可将手工皂切块。最后将手工皂放在阴凉通风的地方30 ~ 45天即可。

思考

① 为什么要加热到80 ~ 90℃，不加热可以吗？

② 使用氢氧化钠时有哪些注意事项？

③ 为什么隔水加热油脂，直接加热可以吗？

4.3　纯碱的生产

古代生产纯碱的方法就是植物提取，这种方法比较低效。古人将植物晒干，烧成灰，形成草木灰，之后将草木灰装进布袋里，用水淋洗就能得到碱液，这里的碱液主要含有碳酸钠与碳酸钾。

此外，今天仍在使用的碱和茶籽，在古代中国早已使用。碱是碳酸钠晶体，而茶籽则是油菜籽榨油后的副产品，将它捣烂，再用水浸泡后得到的液体汁液具有良好的去污效果。

4.3.1　侯氏制碱法

1921年，获得美国博士学位的中国科学家侯德榜怀着振兴祖国民族工业的决心，毅然回国到永利碱厂负责技术开发工作。在侯德榜的努力下，永利碱厂生产出了“红三角”牌纯碱，永利碱厂也成为当时亚洲第一大碱厂。随后，由于抗日战争爆发，侯德榜率厂西迁，他结合川西地区缺盐的情况，为了降低成本，对索尔维法进行改进。经过数百次试验，1943年他终于确定了新的工艺流程——将纯碱和合成氨两大工业联合，同时生产碳酸钠和化肥氯化铵，这就是侯氏制碱法，也称联合制碱法，大大提高了食盐利用率。主要步骤如下：

第一步，氨气与水和二氧化碳反应生成碳酸氢铵；

第二步，碳酸氢铵与氯化钠反应生成碳酸氢钠沉淀和氯化铵（碳酸氢钠之所以沉淀，是因为它的溶解度较小），过滤得到碳酸氢钠固体；

第三步，合成的碳酸氢钠部分可以直接出厂销售，其余的碳酸氢钠会被加热分解，生成碳酸钠，生成的二氧化碳可以重新回到第一步循环利用；

第四步，根据NH_4Cl溶解度常温下比NaCl大，而在低温下却比NaCl小的原理，在278～283K（5～10℃）时，向母液中加入食盐细粉，使NH_4Cl单独结晶析出供做氮肥。

方程式可以归纳为以下三步：

$$NH_3 + H_2O + CO_2 = NH_4HCO_3$$

$$NH_4HCO_3 + NaCl = NH_4Cl + NaHCO_3 \downarrow$$

$$2NaHCO_3 \xlongequal{\triangle} Na_2CO_3 + CO_2 \uparrow + H_2O$$

由此可以看出，索氏制碱法和侯氏制碱法不同的是索氏法在整个制取过程中NH_3是循环使用的，而侯氏法在整个制取过程中CO_2被循环利用，NH_4Cl直接作为纯碱的副产品——肥料。所以，索氏法的产品是碳酸钠，副产品是氯化钙；而侯氏法的产品是碳酸钠，副产品是氯化铵。

此外，侯氏制碱法保留了索氏制碱法的优点，同时消除了它的缺点，使食盐的利用率提高到96%；NH_4Cl可做氮肥，可与合成氨厂联合，使合成氨的原料气CO转化成CO_2，免除了$CaCO_3$制CO_2

这一工序，缩短了工艺流程并减少了对环境的污染。侯德榜先生为我国化工事业的发展和中华民族振兴做出了卓越贡献。

4.3.2 “化”尽其用——纯碱的应用：膨松剂

纯碱，化学名称叫碳酸钠（Na_2CO_3），俗名苏打；常温下为白色粉末或颗粒，无气味，有吸水性；分子量为105.99；可溶于水和甘油，不溶于乙醇；稳定性较强，但高温下也可分解，生成氧化钠和二氧化碳；化学品的纯度多在99.5%（质量分数）以上。纯碱的化学分类属于盐，不属于碱。这是因为在化学上认为碱是一类阴离子只有OH^-的物质，而碳酸钠（Na_2CO_3）虽然显碱性，但因其是由金属阳离子（Na^+）和酸根离子（CO_3^{2-}）构成而归为盐类。古代人最早熟知的一种碱性物质即为碳酸钠，因此称它为纯碱，后世也就沿用这种称呼。

图 4-7　碳酸钠固体

图4-7呈现了碳酸钠（Na_2CO_3）固体。

碳酸钠是重要的化工原料之一，广泛应用于轻工日化、建材、化学工业、冶金、纺织、医药等领域；还用作制造其他化学品的原料、清洗剂、洗涤剂；也用于照相技术和分析领域以及食品工业，作中和剂、膨松剂，如制作馒头、面包等。碳酸钠在生活中应用最广泛的是用作面包、馒头的膨松剂。

一般苏打粉需要和酵母粉搭配使用，面团经酵母的无氧呼吸产生二氧化碳和部分乙酸，加入苏打是为了中和酸防止面包变酸，同时生成碳酸氢钠（小苏打），碳酸氢钠再受热分解产生二氧化碳，使得面包内部充满气孔（图4-8），口感更好。

图 4-8　面包内部充满气孔

其中的化学方程式为：

$$C_6H_{12}O_6 \xlongequal{\text{酵母菌}} 2CO_2\uparrow + 2CH_3CH_2OH$$

$$2CH_3CH_2OH + O_2 \xlongequal{\quad} 2CH_3COOH + 2H_2O$$

$$Na_2CO_3 + CO_2 + H_2O = 2NaHCO_3$$

$$2NaHCO_3 \xlongequal{\triangle} Na_2CO_3 + CO_2\uparrow + 2H_2O$$

4.3.3 躬行实践——特色面包DIY

【实验目的】

通过自己制作小面包，体验化学在生活中的用处。

【实验材料】

蒸锅、陶瓷碗若干、不锈钢大碗1个、烤箱、保鲜膜、刀、案板、高筋面粉300克、细砂糖50克、鸡蛋1个、奶粉15克、水适量、盐适量、酵母3克、黄油、香葱、奶酪丝。

【实验步骤】

如图4-9所示：

① 先将所有上述材料准备齐全，放在一边备用。

② 将高筋面粉放在不锈钢大碗里，然后将除黄油、香葱、奶酪丝、鸡蛋以外的其他材料全部加到面粉里混合在一起和面。

③ 把面团揉至出筋，然后加入黄油继续揉搓，大约揉搓10分钟，最后用折叠法揉成面团。

④ 蒙上保鲜膜，把大碗放入预热好的蒸锅中。

⑤ 盖上锅盖开始基础发酵，用时大约两小时。两小时后，面团变大约两倍。

⑥ 把发好的面团放在案板上用力挤压排气，然后用折叠法滚成长条。

⑦ 将面团分成等分的小团子，压扁然后卷起来。

⑧ 卷好后用刀在面包坯上斜着划几道口。

⑨ 放入预热好的烤箱，进行烘烤（上下火170℃，烤20分钟）。

⑩ 取出，涂蛋液。

⑪ 在刀口处撒上香葱，在香葱上再撒上奶酪丝，炉温180℃烤12分钟，然后把烤盘移往烤箱的上一层，再用急火烤3分钟取出完成。

图 4-9

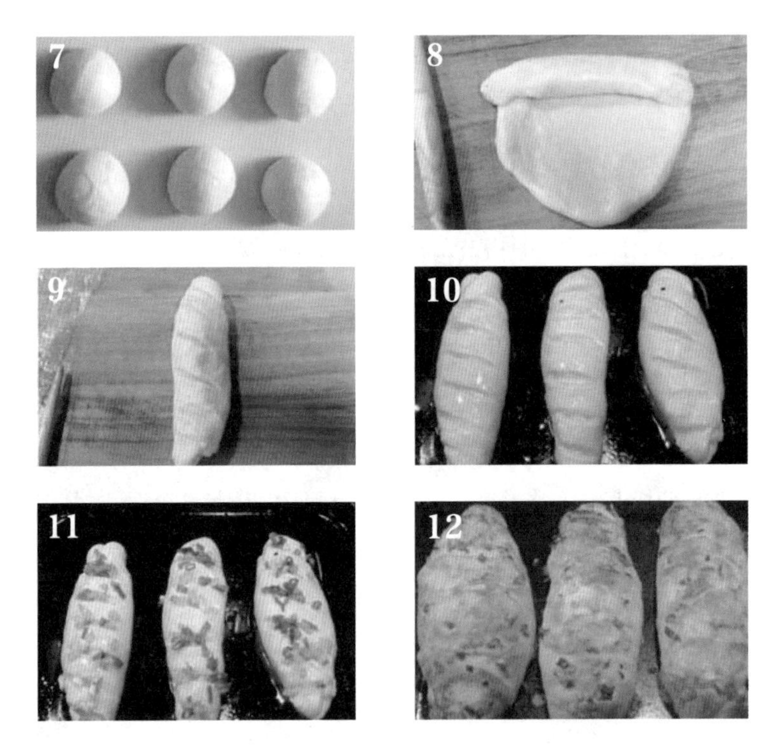

图 4-9　自制面包步骤图

思考

① 发酵两个小时的原理是什么？

② 发酵太久会有什么影响吗？

③ 为什么一定要用热水发酵？用冷水可以吗？持续加热可以吗？

第5章

『盐』之有理

5.1 探究古代盐文化

从现代化学的角度来讲，盐是一类由酸和碱发生中和反应得到的物质。尽管盐并不都能食用，但古人对盐最初的认识，可能源于味觉中的咸。正所谓百味盐为先，所以食盐是每个人每天餐桌上的必需品。

那么盐最初是如何被古人发现并逐步成为大众调味品，从而形成我国独特盐文化的呢?

5.1.1 说文解字“鹽”文化

据传，夙沙氏（亦称宿沙氏），居住在山东沿海的夙沙部落首领，为神农的诸侯臣子，因其最早发明煮海制盐，后人尊其为“盐宗”。夙沙氏既是我国海盐生产的发明者和倡导者，又是我国海盐生产的创始人。宋代《路史·后四记》中写道：“夙沙氏煮盐之神，谓之盐宗。”明代《山堂肆考》中记载：“夙沙氏始以海水煮乳煎成盐，其色有青、红、白、黑、紫。”而《中国盐政史》中也说：“世界盐业莫先于中国，中国盐业发源最古在昔神农时代夙沙初作煮海为盐，号称‘盐宗’。”

有关盐在中国的生产，最早的文字记载可以追溯到公元前800年左右，更早在夏朝时期就有关于海盐生产和贸易的传说。该传说描述了把海洋中的水倒入黏土容器之中，把它煮开，直到浓缩成一罐盐结晶，这就是通过罗马帝国在欧洲南部传播的技术，不过那是在有汉字记载的1000年之后了。

约公元前250年，古代蜀国郡守李冰发现盐水晾制而成的盐，并非来自盐池，而是从地下渗出来的，因此他下令开钻世界上第一口盐水井，证明了盐不一定要去海边才能找到。

在滇藏的茶马古道上的明珠驿站芒康盐井，现在还传承着唯一的原始晒盐工艺。澜沧江边悬崖上的千年古盐田、原始的晒盐工艺已然成为茶马古道上亘古未变的一道风景。在接近澜沧江中游峡谷谷底的江两岸峭壁上，用木头支起的一块块盐田，层层叠叠，尤为壮观。更为神奇的是，同一条江，东岸（上盐井村）产白盐，过了江，西岸（下盐井村）则产红盐，颜色应该与土质有关。下盐井村主要是纳西族人，他们一直保留着最古老、最原始、世界上独有的晒盐制盐技术。至今，当地人和周围地区的人还都喜欢食用这里的盐。

《说文解字》中指出："天生者称卤，煮成者叫盐。""盐"的篆体为"鹽"。"鹽"字非常形象地体现了古人制盐的方法和造字智慧。底下是一个"皿"，在加热蒸煮上面的"卤"，旁边有工人在工作。这体现了最初人们制备食盐的方法，即将"卤水"加热蒸发后，得到盐固体。所以，蒸发结晶是古老且重要的制盐方法。值得注意的是，"鹽"字的上边还有个"臣"字。"臣"主要代表君主时代的官吏，这也充分说明了制盐工艺属于国家管制的范畴，与盐在古代社会中流通受国家管控的史实相吻合。

历史上，最经典的方法当属发源于山西运城的"五步产盐法"，也叫“垦畦浇晒”产盐法。具体的做法分为如下五步：

第一步，集卤蒸发。用人力把含盐量高的水（也称“卤水”）引入蒸发用的畦中，利用风吹和日晒使水分蒸发。

第二步，过罗除杂。利用集卤蒸发过程中得到的盐板（也叫硝板）作为罗，对产盐的卤水起到过滤纯化的作用。

第三步，储卤。把经过多次除杂的卤水，运到储卤畦中储存。

第四步，结晶。结晶畦中通常有已经成型的盐板，先向其中加入一些淡水，让盐板更为疏松。之后将储卤畦中的卤水倒入结晶畦中，在经历5 ~ 7天风吹日晒后，可以得到固体盐。

第五步，铲出。利用特定的铲子，将结晶畦中的固体盐铲离盐板使其成堆，再将盐堆运到储盐库中。

五步产盐法于2007年被认定为山西省非物质文化遗产，于2014年被列入国家级非物质文化遗产行列。作为一种文化符号，五步产盐法是中国传统科技文化的智慧结晶。

5.1.2 “化”尽其用——“冬天捞碱，夏天晒盐”：盐的溶解度

在化学上，盐并非仅仅指食盐，而是指由金属阳离子（或铵根离子）和酸根离子通过离子键（一种强烈的正负电荷间存在的相互作用力）结合在一起的化合物。生活中常见的食盐（主要成分为氯化钠 $NaCl$）、纯碱（Na_2CO_3）、小苏打（$NaHCO_3$）、大理石（主要成分为碳酸钙 $CaCO_3$）、石膏（主要成分为硫酸钙$CaSO_4$）等都属于盐

类物质。食盐的主要成分氯化钠（NaCl）是一种白色的细小晶体，易溶于水、甘油（学名丙三醇），微溶于酒精（学名乙醇）。

我们常常听到一句俗语“冬天捞碱，夏天晒盐”。我国北方有许多美丽而奇特的盐碱湖，湖水中溶有大量的氯化钠和纯碱，在夏天当地农民将湖水引入湖滩上晒出了食盐。到了冬天，湖面上又漂浮着大量的纯碱晶体，农民则可以直接从湖中捞碱。其中藏着什么科学道理呢?

要知道其中的原因，我们需要先了解一个概念：溶解度。

溶解度，就是在一定温度下，某物质在100克溶剂中溶解达到饱和时所需该溶质的质量。资料表明，在标准状况（0℃，101千帕）下，氯化钠（NaCl）固体在水中的溶解度大约为35.7克。而纯碱（Na_2CO_3）固体在水中的溶解度大约为7.0克。表5-1是不同温度下氯化钠和纯碱的溶解度。

表5-1　不同温度下NaCl和Na_2CO_3的溶解度

温度/℃	0	20	40	60	80	100
NaCl溶解度/（克/100克）	35.7	36.0	36.6	37.3	38.4	39.8
Na_2CO_3溶解度/（克/100克）	7.0	21.5	49.0	46.4	45.1	44.7

其实，“冬天捞碱，夏天晒盐”中的“碱”是指Na_2CO_3，“盐”则是NaCl。这句话说的正是碳酸钠和氯化钠溶解度的变化特点，因为盐碱湖里含有大量碳酸钠和氯化钠。所谓冬天捞碱，是因为碳酸钠的溶解度随温度改变而改变的幅度很大，温度很低时溶解度很小，碳酸钠就会沉淀在盐碱湖底部，而氯化钠不会沉淀。故此时打捞盐碱湖底部就可以得到较纯的碳酸钠固体。而夏天晒盐，则是因

为夏天温度较高，碳酸钠溶解度变高很多，于是溶液里碳酸钠变得很不饱和，但是氯化钠溶解度却基本没变。因此晒掉一部分水分后，氯化钠先饱和，而碳酸钠未饱和。碳酸钠留在湖水里，而氯化钠却会析出沉淀。这一过程在化学上称为蒸发结晶。

5.1.3 躬行实践——食盐的溶解与结晶实验

【实验目的】

通过了解溶解食盐形成饱和溶液，之后冷却结晶或蒸发结晶再次得到氯化钠晶体的过程，感受制备食盐固体的原始方法。

【实验材料】

陶瓷小碗、筷子一支、勺子、漏勺、煤气灶、食用盐、饮用水。

【实验步骤】

如图5-1所示：

① 陶瓷小碗中放入两勺食用盐，观察样态。

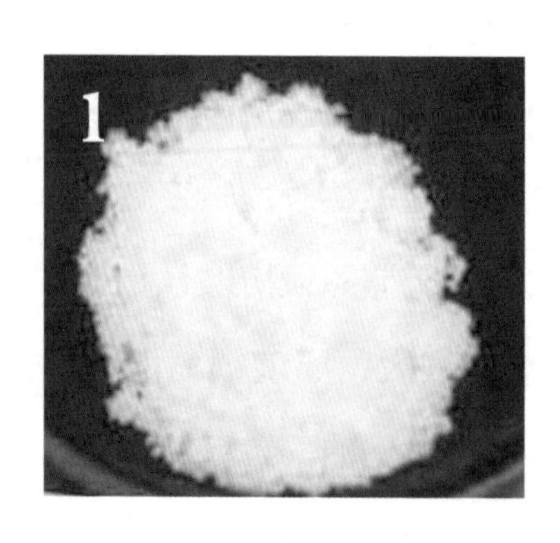

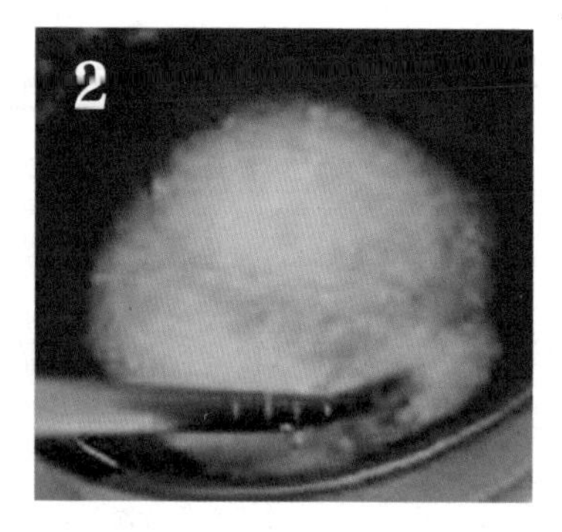

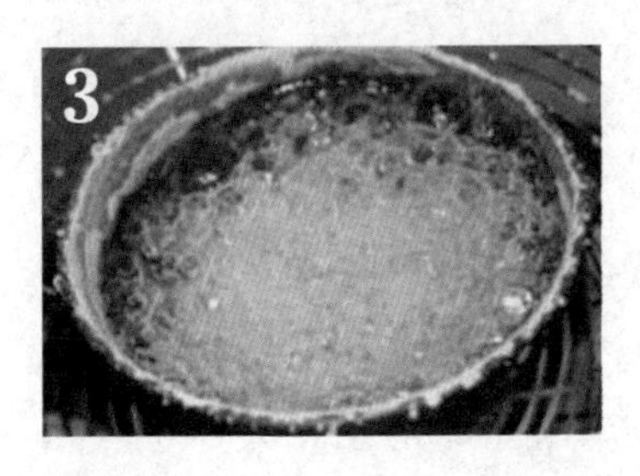

图 5-1　食盐的溶解与结晶

② 加入饮用水约六分满（防止后续加热溢出），并轻轻搅拌至完全溶解。

③ 开火加热，将火开至最小挡，把小碗放在漏勺上，渐渐发现碗壁上有晶体析出。

④ 当碗内水分快要蒸干，关火。碗里结成一颗颗的盐粒。

思考

在相同时间条件下，将三个杯子装入等体积的饱和食盐水。将第一个杯子放入冰箱中冷却；第二个杯子放在热水中加热，或直接加热（注意安全）；第三个杯子放在通风的阳台上。观察比较三杯食盐水中析出的食盐固体的多少，并思考三种结晶的原理有何不同。

资料卡片

食盐妙用

1. “要想甜加点盐”是真的吗?

厨师往往会在甜品里加少许盐，这是因为人的味觉有一个特殊的功能，可以用一种味觉来增强另一种味觉。因此，我们在制作甜点时，加入少许盐，这样做一可以减少糖的用量，二可以增加甜点的甜度。在吃荔枝、菠萝或杨梅等水果时，可以将其泡在淡盐水中，这样既可以防止上火，也可以增加水果的甜味。

2.自制热敷包

中老年人多多少少会有些腰腿疼痛的毛病，炒盐热敷的方法尤为适用，不仅能对身体各个部位起到理疗作用，也可以作为普通人的保健养生法。

热敷包的制作方法也极其简单，快来学习一下。

【材料】

海盐2斤，花椒粒2两。

【做法】

如图5-2所示。

① 海盐、花椒入锅，小火干焙炒热至啪啪响。

② 用一个布袋将炒热的盐装好，敷在疼痛部位。

凉了可以放入微波炉低挡加热，反复使用。

图5-2　敷料制作

【原理】

热盐的保温性、渗透性强，可以将热量渗透体内。

花椒有活血化瘀的功效，更具有温经活络、消炎散寒、缓解疼痛的作用。

5.2 于谦的《石灰吟》

千锤万凿出深山，

烈火焚烧若等闲。

粉身碎骨浑不怕，

要留清白在人间。

这是一首托物言志诗，作者是明代人于谦。

5.2.1 古诗词中解石灰

这首诗通过描述石灰石的锤炼过程，彰显了作者不畏千难万险，敢于自我牺牲，以保持自己忠诚、清白的可贵精神。于谦从小学习刻苦，志向远大。据史料记载，有一天，他偶然走到一座石灰窑前，看到师傅们正在煅烧石灰石。只见这一摞摞青黑色的山石，经过熊熊的烈火焚烧之后，变成了白色的石灰粉末。此情此景，于谦深有感触，略加思索之后便吟出了《石灰吟》这首脍炙人口的诗篇。《石灰吟》这首诗不仅蕴含着丰富的诗意，同时暗藏着关于石灰石的化学反应。石灰石是以方解石（矿物）为主要成分的碳酸钙岩（主要成分是碳酸钙），主要是在浅海环境下形成的。除了石灰石，在生活中，我们还可以看到含有碳酸钙的物质，如大理石、石贝壳、鸡蛋壳的主要成分也是碳酸钙，牙膏、钙片中也有碳酸钙。我们常见的大理石是地壳中原有的岩石经过地壳内部的高温高压条件作用而形成的一种变质岩。天然的大理石属于中硬石材，主要由石灰石、蛇纹石、方解石和白云石组成。其主要成分碳酸钙约占50%以上。其他的化学成分还有碳酸镁（$MgCO_3$)、氧化钙(CaO)、二氧化锰(MnO_2)及二氧化硅(SiO_2)等。

《石灰吟》的第一句“千锤万凿出深山”，是描述工人们开采石灰石的过程极其不容易。次句“烈火焚烧若等闲”，“烈火焚烧”当然是指煅烧石灰石，其后加上“若等闲”三个字，使人感到不仅是在写煅烧石灰石，还象征着古往今来的仁人志士们，无论面临着怎样严峻的考验，即使是“烈火焚烧”都从容不迫、视若等闲。第三句“粉身碎骨浑不怕”，“粉身碎骨”用拟人手法极形象地描述了将石灰石煅烧成石灰粉的过程，而“浑不怕”三个字又寓意着诗人不怕牺牲的刚烈精神。至于诗篇最后一句“要留清白在人间”，立志要做纯洁清白的人，更是作者在直抒胸怀。

关于“石灰石”的古诗词、至理名言、故事数不胜数，而蕴藏在其中的化学知识更体现了一种文化知识的传承。这其中到底蕴含着怎样的科学知识呢？我们一起揭开这层面纱吧。

5.2.2 “化”尽其用——“石头记”

“千锤万凿出深山”：是指劳动人民经过千锤万凿，把深山中的巨石捶打成烧制石灰的石料。这个过程仅仅是改变了石灰石的形状和大小，并没有产生新物质，所以是物理变化。制石灰的石料的主要成分是石灰石或大理石，其化学成分是碳酸钙。

“烈火焚烧若等闲”：是指将石料投入石灰窑中，烧制生石灰（CaO）的场景。在高温条件下，煅烧石灰石生成生石灰（CaO）和二氧化碳的过程是化学变化，其化学反应方程式为：

$$CaCO_3 \xlongequal{高温} CaO + CO_2\uparrow$$

生石灰是一种白色固体，化学名称为氧化钙（CaO）。

“粉身碎骨浑不怕”：是指将生石灰制成供人们建造房屋使用的粉末状的熟石灰。将生石灰投入水中，能与水剧烈反应生成熟石灰，该反应过程中放出的热量可以将鸡蛋煮熟。因为这一反应变化有新物质生成，所以是化学变化，其化学反应方程式为：

$$CaO + H_2O \xlongequal{} Ca(OH)_2$$

“要留清白在人间”：是指人们使用熟石灰粉末砌砖抹墙后，墙壁变得更坚硬，更洁白。这是因为二氧化碳与石灰浆中的氢氧化钙反应生成碳酸钙沉淀和水，所以变得坚硬。其化学反应方程式为：

$$Ca(OH)_2 + CO_2 \xlongequal{} CaCO_3\downarrow + H_2O$$

雨水滴在由碳酸钙组成的石板上，碳酸钙溶解在水中，经过亿万年的累积，地壳或岩石可演变成千姿百态的钟乳石、石笋、石柱等美丽的自然景观，即喀斯特地貌（图5-3）。

其形成的化学原理：

$$CaCO_3 + CO_2 + H_2O = Ca(HCO_3)_2$$

$$Ca(HCO_3)_2 \xlongequal{高温} CaCO_3\downarrow + CO_2\uparrow + H_2O$$

图 5-3 美丽的喀斯特地貌

5.2.3 躬行实践——巧除水垢

在生活中我们发现，长期使用的水壶中水垢很多，有人担心这样对身体健康有害。自来水水垢（水碱）真的会危害人体健康吗？

首先，我们必须了解水垢到底是何物。水垢的主要成分是碳酸钙和碳酸镁。根据我国《生活饮用水卫生标准》，水中允许有一定量的碳酸钙和碳酸镁，但不超过450毫克/升(以碳酸钙计)。

钙镁化合物作为矿物质，对我们身体是有一定好处的。比如矿泉水中，也含有一定的钙和镁。我们喝入体内的钙镁化合物，一部分会在循环系统的代谢作用下，随着尿液排出体外；还有一部分与我们身体里的一些酶和蛋白质结合，产生含钙蛋白质等，对我们自身的骨骼生长、牙齿坚固是有一定好处的。

因此，硬度在国家要求范围之内的水，即不超过450毫克/升(以碳酸钙计)，没必要把钙镁离子去掉。相反，如果我们长期饮用不含有任何矿物质的纯净水，才是非常不健康的。

那不小心喝入带有水垢的水是否对人体有害呢？化学事实证明，即使水垢以固体状态进入人们的胃里，在胃酸（主要成分是盐酸）的作用下，也会被分解成钙镁离子。科学证明，饮用含有少量水垢的水对身体并无害处。

但是，水壶中的水垢还是要定期清洗。除了前面介绍的白醋除水垢，这里再推荐一种简便易行的方法——小苏打除水垢。

① 取一到两勺小苏打，用清水调成糊状；

② 用干净的布蘸上小苏打；

③ 将蘸有小苏打的布，在水壶里有水垢的地方来回擦拭几下，再用清水清洗。

资料卡片

贝壳入药

碳酸钙广泛存在于大理石、鸡蛋壳、贝壳中。在浪漫的海湾旅游，不仅可以赤脚踩着细沙，吹着悠扬的海风，幸运的话还可以捡到美丽的贝壳（图5-4）。贝壳除了可以作为浪漫的装饰品，对我们人体也是有很多好处的，具有一定的药用价值。

图5-4　各类贝壳

1.滋阴清热

如牡蛎、珍珠、紫贝齿、海蛤、石决明等，其性多寒凉，具有滋阴清热功能，主治潮热盗汗、阴虚内热等，小儿高热抽搐亦可用。钙的盐类化合物在临床上具有解热效应，如常见的清热药石膏即硫酸钙（$CaSO_4$），贝类的清热功能可能与之有关。

2.安神定志

珍珠、珍珠母、紫贝齿、牡蛎等，多有安神定志的作用，主治心神不宁、心烦、心悸、失眠、健忘等。

3.明目退翳

石决明、紫贝齿、田螺等，具有明目退翳的功效，对急性期目疾如目赤肿痛、肝火上炎等有奇效，对慢性目疾如视物模糊、目生翳障等亦有效。其中，石决明尤属常用，其名即与明目有关。

5.3 腊月二十五，推磨做豆腐

民间流传着这样一句谚语：“腊月二十五，推磨做豆腐。”豆腐有吉祥的寓意，豆腐的“腐”和富裕的“富”谐音，豆腐听起来像“都富”。豆腐（图5−5）作为古往今来中华民族餐桌上常见的美食，已有上千年的历史了。

图5−5 豆腐佳肴

5.3.1 舌尖上的豆腐

自古以来，国人一直为豆腐的发明而自豪。众所周知，不同地区制作豆腐还有自己的风俗习惯，如点豆腐，北豆腐用卤水，南豆腐用石膏。上等的豆腐，豆香浓郁，软而不散，营养价值丰富。

北宋著名文学家苏轼曾赞豆腐“煮豆为乳脂方酥”，明代诗人苏平在其诗篇《豆腐》中将制作豆腐的过程写得惟妙惟肖：“传得淮南术最佳，皮肤褪尽见精华。一轮磨上流琼液，百沸汤中滚雪花。瓦缶浸来蟾有影，金刀剖破玉无瑕。个中滋味谁知得，多在僧家与道家。”

然而作为一种家常食材——豆腐相传最早是被古代的一位王侯发明的，今天我们就来讲一讲有关豆腐的趣事。

西汉初年，汉高祖刘邦的孙子刘安（前179—前122），年幼时便承袭其父亲的封号为淮南王。刘安好道，不惜花重金，广为招揽江湖方术之士炼丹修道，欲求长生不老之术。相传某日有八公登门求见淮南王，淮南王府门吏眼拙，见是八个白发苍苍的老者，便轻视他们不予通报。八公也不恼，见此状哈哈大笑，遂施法变化成八个面如桃花、角髻青丝的少年。门吏见此为之大惊，急忙赶去禀告淮南王。淮南王闻讯，顾不得穿鞋，便跑出赤脚相迎。这八人须臾又变回白须老者，遂被恭请入内。上坐后，刘安拜问其姓名。原来这八公是文五常、武七德、鸣九皋、修三田、岑一峰、枝百英、寿千龄、叶万椿八位神仙。八公一一介绍了自己的本领：画地为河、撮土成山、千变万化、呼风唤雨、点石成金、摆布蛟龙、驱使鬼神、来去无踪。刘安听罢大喜，遂拜八公为师，一同在寿春城外的深山中苦心修炼长生不老仙丹。

当时淮南一带盛产优质大豆，当地的百姓自古就有用山上泉水磨出的豆浆作为饮品的风俗习惯。淮南王入乡随俗，每日清晨也总爱喝上一大碗。

一日，淮南王端着一碗热腾腾的豆浆，在炼丹炉旁看炼丹看得出神，竟忘了手中端着的豆浆碗，手一撒，豆浆泼到了炉旁供炼丹的一小块石膏（主要化学成分是硫酸钙）上。不多时，那块石膏便消失不见，豆浆却变成了一摊白花花、嫩嘟嘟的东西。八公中的修三田大胆地尝了一口这白花花、嫩嘟嘟的东西，觉得甚是美味可口。可惜太少了，能不能再造出一些来让大家伙儿一块尝尝呢？刘安灵机一动，让人把他没喝完的豆浆一锅端来，把石膏碾碎后，放入豆浆中搅拌起来。不多时，豆浆又变成了一锅白花花、嫩嘟嘟的东西。刘安连呼“离奇、离奇”。所以八公山豆腐初名“黎祁”，是“离奇”的谐音。

豆腐中富含多种营养物质，如蛋白质、维生素和无机盐（磷、钙、铁、锌等），对人体健康非常有益。同时，豆腐可以作为补益清热养生食品，常食豆腐可补中益气、清热润燥、生津止渴。医学研究证实，豆腐除了具有增加营养、帮助消化的功能外，对人类牙齿、骨骼的生长发育也颇有裨益。同时豆腐中含有铁元素，在造血功能方面可增加血液中铁元素的含量。因为豆腐不含胆固醇，所以是“三高”（高血压、高血脂、高胆固醇）人群及动脉硬化、冠心病患者的药膳佳肴。

5.3.2 “化”尽其用——从豆腐的形成赏石膏

由豆腐做成的佳肴让人们唇齿留香、津津乐道。那这美味的豆腐是如何制成的呢？豆腐的制作过程主要有以下六道工序：选豆、磨豆、滤浆、煮浆、点浆和成型（图5-6）。豆腐制作最重要的两道工序是磨豆和点浆，也就是制作溶胶和胶凝的过程。这两道工序决定了豆腐中的成分和结构，也决定了豆腐的口感和品质。杂质少，微观结构整齐的豆腐口感细腻滑润；反之，杂质多，微观结构不齐的豆腐口感粗糙干涩。

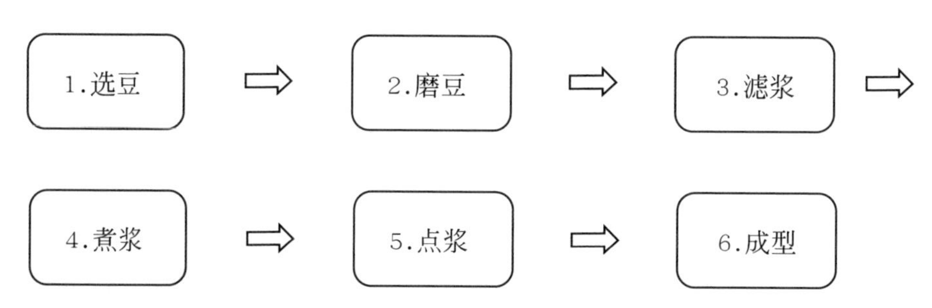

图 5-6 豆腐制作工序流程图

目前常见的豆腐制作流程是将优选的原料黄豆或绿豆浸泡一定时间后，加一定比例的水磨成生豆浆。然后将现磨的生豆浆过滤去残渣后煮沸，在煮沸过程中撇去表面的泡沫。

在古代，豆腐制作工艺还不是很精进，是没有煮熟撇沫这道工序的。这样制得的豆腐含有较多杂质，甚至留存着一些较大的豆渣，使得豆腐凝固时结构杂乱无章，口感粗糙干涩，同时食用时有摩擦口腔和食道的不适感，食用感不佳。

而在点浆或点卤过程中，使豆浆凝固成豆腐的凝聚剂发生了从石膏到葡萄糖酸-δ-内酯的巨大变化。凝聚剂对豆腐的口感和品质也有极大影响。

要了解凝聚剂对豆腐口感和品质的影响，就要弄清楚凝聚剂是怎样起作用的。

在加入凝聚剂之前，豆浆处于溶胶的状态，在化学上有一个名称叫作胶体。胶体的稳定状态介于溶液和浊液之间，是一种使可能沉淀的溶质不会沉淀的神奇状态。由大豆研磨而成的豆浆，其主要营养成分是植物蛋白质，蛋白质作为一种有机物，它的水溶性并不好。但是溶胶以其独特的结构解决了这一问题。

蛋白质有两种常见结构：一种是以碳氢结构为主的典型有机结构，另一种是由羧基失去氢离子形成的非典型有机结构。这是因为豆浆呈碱性，一般为羧基失去氢离子，而不是氨基得到氢离子。蛋白质的典型有机结构几乎没有极性，而其非典型有机结构具有较强极性，而我们常用的溶剂水具有较强极性。根据相似相溶原理，典型有机结构会排斥水分子，是因为其具有较多疏水基团；而非典型有机结构会亲和水分子，是因为其具有较多亲水基团。豆浆中的蛋白质都含有疏水基团和亲水基团，疏水基团互相靠拢，把亲水基团甩在外侧。因此豆浆中的蛋白质会形成许许多多由多个蛋白质构成，疏水基团在里、亲水基团在外的结构，在外的亲水基团又会抓住水分子，形成一层水膜。从处于中心的疏水基团到最外层的水膜，就组成了胶体粒子，简称胶粒。胶粒非常小，一杯豆浆中包含的胶粒比世界上最大城市的人口还要多。蛋白质在水膜的保护下不会互相接触，正因为如此，豆浆也就不会发生凝聚。

在加入凝聚剂时，这种不会发生凝聚的状态被打破，蛋白质聚合在一起，而水被夹在由蛋白质形成的空隙之中。所以豆浆中水的比例一定要掌握好，过多的水会使结构扭曲，豆腐在切割和加热时容易损坏，影响其口感和外观，太多水甚至导致豆腐无法成形。而含水量过少会使豆腐口感不够水嫩。由于选用的凝聚剂成分的不同，蛋白质由“被包围”到“反包围”的过程也有所不同，豆腐的结构自然也就不同，这就使豆腐的口感、成分、营养价值不同。

传统的凝聚剂是石膏或盐卤，也就是常说的“卤水点豆腐”。

石膏的主要成分为硫酸钙。盐卤是由海水或盐湖水制盐后的剩余液体，成分主要是氯化钙、氯化镁。这类凝聚剂发生作用的主要成分是金属阳离子（如硫酸钙中的钙离子和氯化镁中的镁离子）。加入石膏或者盐卤后，豆浆溶胶中的水和金属离子络合，也就是水分子被金属离子束缚在周围，水膜中的水变少，变得不稳固，易于破坏。因此，蛋白质突破了水膜的束缚，凝聚在一起，完成了对水的“反包围”。这个制法由于石膏和盐卤的作用过于猛烈，需要一边搅拌一边加入凝聚剂，使凝聚时间变长，这样才能使豆腐的结构更有序。由于凝聚剂为硫酸钙、氯化镁，豆腐也有较好的硬度、弹性和韧性，同时能补充人类必需的矿物质，营养价值高。

经过科学家对美食的不断研究，目前较为普及的凝聚剂是葡萄糖酸-δ-内酯。其水溶性极好，可以在豆浆溶胶中均匀分散。当温度高于36℃，葡萄糖酸-δ-内酯就会水解为葡萄糖酸，然后缓慢释放出氢离子，亲水基团中的羧基得到本来失去的氢离子，其亲水性下降，水膜不稳定发生破裂，蛋白质完成“反包围”。由于葡萄糖酸-δ-内酯水解过程和葡萄糖酸释放出氢离子的过程较为缓慢，凝聚过程缓慢进行，所得的豆腐结构整齐，口感滑腻，味道极佳。因为使用的葡萄糖酸-δ-内酯属于有机物，不含金属阳离子，避免了金属阳离子超标的危险，但也使得豆腐的营养价值降低。它不像石膏和盐卤中含有钙镁化合物，如果希望通过吃豆腐补钙和镁，最好不要选这种豆腐。

以上两种不同凝聚剂的胶凝过程涉及的化学知识，可以形象地表述如下：凝聚时蛋白质的行为就好像好多人排队。用石膏或盐卤凝聚时，时间极短，一个人还没站好，后一个人就拥挤上来了，因此得到的结构一点也不整齐。而用葡萄糖酸－δ－内酯进行凝聚时，时间较长，每个人都有时间调整好自己的站位，所以得到的结构非常整齐。

5.3.3 躬行实践——巧制豆腐脑

“豆浆变豆腐脑”的实验，能带孩子了解制作豆腐过程涉及的化学知识。学习化学小知识的同时，还能培养动手研究的能力，让孩子知道生活中处处是科学。

【实验材料】

黄豆浆1杯、小烧杯2个、食用石膏粉1勺、勺子1个（图5-7），温开水。

图 5-7 制豆腐脑所需材料

【实验步骤】

如图5-8所示：

① 往小烧杯中倒入一杯黄豆浆（温度以60 ~ 80℃为宜）。

② 取一小勺石膏粉倒入小烧杯中备用。

③ 在装有石膏粉的小烧杯中倒入少许温开水，并搅拌均匀。

④ 将石膏水倒入豆浆杯中。

⑤ 用勺子轻轻搅拌均匀，只需搅拌三五下即可。静置2分钟。

图5-8　制豆腐脑流程

在实验中要注意以下事项：石膏一定要使用超市里卖的食品级石膏并严格控制用量，而且豆浆一定要煮熟，未经煮熟的豆浆会引起胃肠道不良反应，主要是呕吐、拉肚子等症状，严重的会出现中毒等情况。

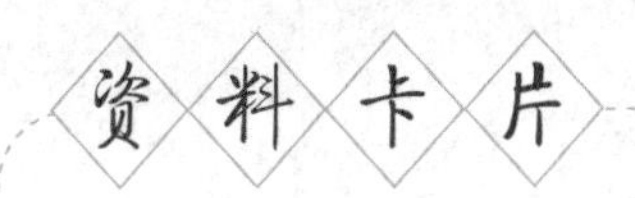

石膏入药——中药里的雪糕，退热良药

石头也是药？没错，矿石类的中药很多，石膏就是其中一种，而且还是非常常用的中药。石膏最早记录在《神农本草经》中，汉代张仲景《伤寒论》中就多次应用了石膏，历代医家对石膏的应用及论述也层出不穷。

石膏晶莹剔透，药性寒凉，常常用来治疗高热不退。例如人若因感冒导致肺炎高热，就想吃冰块，饮水也不解渴，这种情况就适合用石膏治疗。张仲景的名方白虎汤，就是重用石膏一斤，折合现在不到半斤；方名取白虎，因白虎属西方，取意秋凉。

高热刚退，好比刚刚熄灭的篝火，一经风吹，就可死灰复燃。人体也常常如此，为了防止高热再发，常常会用到竹叶石膏汤，一边滋阴一边清热，就好比在死灰上浇水一样。这个方子，滋阴清热，除烦止渴，还常常用来治疗中暑。因此说石膏好比中药里的雪糕。

感冒之后出现肺热，咳嗽黄痰，也可以用石膏清热，方子叫做麻杏石甘汤，也是张仲景的方子，一直在临床广泛应用。胃火大，上火就牙痛，也可以用石膏清胃火，止牙痛，方子叫做清胃散。还有一个方子叫玉女煎，也用石膏治疗牙痛。上火除了牙痛，还有的人容易头痛，也可以用石膏清热，治头痛，方子叫做芎芷石膏汤。

如果把石膏用高温无烟炉火煅烧，烧至120℃时，石膏就会失去结晶水，变得酥软，碎成白色粉末，则药性大变，称为煅石膏，具有敛疮、生肌、止血的作用，常常用于外科病证，而且一般都是外用。通过外敷，治疗皮肤伤口不愈合、湿疹瘙痒、水火烫伤等。

上面说的退热用的白虎汤，只有四味药：石膏、知母、甘草、粳米。如果对证，退热效果非常好。在家中也可以煮石膏粥：用一小撮石膏，先在清水中煮半小时，然后加入一把大米，熬成米粥，吃时石膏挑出来，就是一碗精简版的白虎汤，用来退热效果非常好。

⚠温馨提示：

现在很多小儿退热的中成药里都用了石膏。不过石膏药性寒凉，脾胃虚弱的人容易拉肚子，应用之前，最好咨询一下医生。

第6章 『碳』源溯流

6.1 木炭开启人类的金属时代

碳，作为地球上一切生物有机体的骨架元素，是构成人体最重要的基本元素，也被称作生命之源。而碳材料则是以煤、石油或它们的加工产物等有机物质作为主要原料，经过一系列加工处理得到的一类非金属材料，其主要成分是碳。

人类的历史，其实也是一部关于碳材料的历史。在历史的长河中，碳材料始终贯穿其中，生命起源、生物圈形成与演化，碳元素都扮演着必不可少的角色。

碳在宇宙大爆炸时期就已经形成，经过漫长的演化历史，其主要以碳单质和碳的化合物等形式广泛存在于大气、地壳和生物之中。碳是人类最早接触的元素之一，也是人类最早利用的元素之一。人类在地球上出现以后，就与碳元素有了接触，火山爆发、雷电轰击、陨石落地、煤和树木的自燃，使人们看到了火的威力和作用，通过钻木摩擦生火等方式逐步学会了用火。人类在学会用火以后，实际上碳就成为人类永久的伙伴。火驱散了黑暗，为人类带来了光明。人类由于懂得利用火，逐步学会了烧制陶瓷、冶炼金属、制造玻璃等，从此揭开了认识自然、改变自然的新篇章。火的利用可以说是人类发展史上里程碑式的突破，也可以说是碳材料将人类带进了文明时代。

人们最早接触到的碳材料应该就是木炭了，下面我们来详细了解木炭到底是如何发挥其重要作用的。我国是世界上生产烧制木炭最早的国家之一，从农耕文明逐渐走入青铜文明，又进入铁器时代，这中间木炭是不可或缺的。东汉许慎《说文解字》："炭，烧木余也。”炭燃烧之后不失木的性质，在天气寒冷的时候燃炭用于取暖，没有刺激的烟和明火产生，是当时稀少可贵的材料。燃烧木炭（图6–1）取暖比直接烧柴取暖有诸多优点，如“不烟不焰”，而且木炭比木柴更轻，在古代是富贵人家取暖的首选之物。唐朝诗人白居易曾经写过一首千古传诵的名篇《卖炭翁》，其中“可怜身上衣正单，心忧炭贱愿天寒”写出了卖炭翁的矛盾和心酸。换言之，木炭用现代的观点看来就是木质原料经不完全燃烧或于隔绝空气的条件下热解后所余之深褐色或黑色燃料，简而言之就是木材烧过之后剩下的可燃物质。那么木炭除了御寒，还能做什么呢？

图 6–1　燃烧中的炭

6.1.1　炉底柴薪铸就铜墙铁壁

人类正是在掌握了如何烧制木炭后，才得以探索出金属冶炼技术。商周时期我国进入青铜时代，而青铜发展的基础是木炭的大量使用。官府对木炭也极为看重，《周礼》记载，木炭是百姓向官府缴纳的重要物资，官府还设有专人负责征收木炭。关于木炭在冶金业中的重要性，古人有着非常深刻的认识。西汉贾谊《鹏鸟赋》称："且夫天地为炉兮，造化为工；阴阳为炭兮，万物为铜。"

北宋初年文学家、名相李昉在《太平御览》中说，用竹炭"炼好铁"。明末科学家宋应星《天工开物》曰："凡炉中炽铁用炭，煤炭居十七，木炭居十三。凡山林无煤之处，锻工先择坚硬条木烧成火墨。其炎更烈于煤。"清代文人屈大均的史料笔记《广东新语》载："产铁之山，有林木方可开炉。山苟童然，虽多铁亦无所用，此铁山之所以不易得也。"不过，南方盛产竹子，当地人常"烧巨竹"使之成炭，代替木炭和煤炭充填各地冶铸作坊的熔炉。

6.1.2 "化"尽其用——冶铸业的还原利器

人类文明的发展是与人类使用的生产工具有紧密联系的，考古学根据人类所使用工具的变革，将人类古代的历史划分为不同的时期，分别是石器时代、青铜时代和铁器时代。在我国历史上青铜是最早被人类制造并使用的金属。以炼铜为例，很多早期制作的熔炉根本达不到熔化金属的温度，是木炭燃烧产生的还原物质对氧化矿物进行了还原反应，生成了新的物质，从而能够炼铜。

在使用木炭之前，人们利用木柴制陶能够获取的最高温度不超过1050℃，但是铜的熔点是1083℃，在使用木炭之后就很容易突破1083℃。木炭的主要成分是碳，即便是在现代的冶炼工业中，碳都是常用的还原剂。所以在古代使用木炭作为燃料和还原剂将铜从铜的氧化物中提炼出来，这是古代人的智慧。

人类在烧火或者烧制陶器的过程中，偶尔有铜矿掺杂在里面，在高温的情况下经过碳的还原反应，出现了单质铜。人们逐渐发现这种闪着金光的东西可以做成比石头更锋利的工具，便尝试着冶炼这种坚硬的物质，这便是人类青铜时代的开始。

明代宋应星所著的《天工开物》记载的炼锡方法基本上就是现代用的碳还原法，其反应的化学方程式为：

$$SnO_2 + 2C = Sn + 2CO\uparrow$$

《天工开物·五金》提供了明代炼锌的“密封蒸馏法”。冶炼锌首先将锌矿石和煤敲碎并混匀，填装于专门制成的反应罐内，并盛入适量水。然后，在罐口处用黄泥做出冷凝窝封闭反应罐，并从反应罐的肩部用泥条往上盘筑形成10厘米左右的空腔，加冷凝盖形成冷凝区。为防止高温冶炼过程中罐体发生爆裂，反应罐在入炉前需在外壁包裹一层黄泥，后将其放置于炼炉的炉栅之间，四周堆放煤饼、炉渣，炉栅下投放柴薪、木炭等燃料。用火点燃薪炭引燃煤饼后，反应罐内发生系列反应，还原出的锌蒸气通过冷凝窝的通气孔上升至冷凝区冷却，便可得到金属锌结晶。待冷却完毕，打破反应罐即可取出锌。

《湖南省例成案》记载了清朝乾隆年间桂阳炼锌炉户对炼锌的

原料、原理、流程、产量等的口头描述："小的们炼烧白铅，砂性坚硬，比炼黑铅费煤炭甚多，瓦罐铁盖都要钱买，又要煅砂、搥砂、整罐、装炉，比黑铅费的人工加倍。"这也证明了煤炭在冶炼业有着不可或缺的作用。

古人将炉甘石（主要成分为$ZnCO_3$）和木炭一起密封在泥罐中，在下面垫上煤炭加热，冶炼锌单质。泥罐内发生的化学反应如下：

$$ZnCO_3 \xlongequal{\text{高温}} ZnO + CO_2\uparrow$$

$$CO_2 + C \xlongequal{\text{高温}} 2CO$$

$$ZnO + CO \xlongequal{\text{高温}} Zn + CO_2$$

铁的冶炼过程比铜要复杂得多，但是原理是类似的，都是用还原剂将铁从铁的氧化物中冶炼出来。虽然宋朝就有使用煤炭的记录，但是煤炭的开采受地域的限制，未能大规模使用。所以在工业革命之前，炼铁的主要燃料和还原剂仍然是木炭。

在现代有色金属生产中，木炭常用作表面助熔剂，当有色金属熔融时，表面助熔剂在熔融金属表面形成保护层，使金属与气体介质分开，这样既可减少熔融金属的飞溅损失，又可降低熔融物中气体的饱和度。

6.1.3 躬行实践——炭巧妙还原

【实验材料】

镊子、酒精灯、药匙、石墨棒（取自废弃的干电池）、氧化铜粉末、铝箔纸。

【实验步骤】

① 截取一张10厘米×6厘米的铝箔纸。摊平铝箔纸，放上石墨棒，并覆盖上1～2克黑色的氧化铜粉末。把铝箔纸卷起，包裹住石墨棒成圆柱形，然后用手将圆柱两端的铝箔卷紧封口。

② 用镊子夹持铝箔一端，并用酒精灯外焰充分加热2～3分钟。静置，冷却至室温后，打开铝箔纸，原黑色氧化铜粉末变为红棕色。

③ 若用铝箔纸只包裹少量氧化铜粉末，重复上述①、②操作，黑色固体并不变色。对比实验说明，该实验条件下铝箔并不能置换出氧化铜中的铜。

日常生活中，从废旧电池中剥取获得石墨棒（还原性炭），可用蜡烛代替酒精灯，氧化铜则可通过灼烧细股铜导线获得，镊子和铝箔纸（或锡箔纸、薄铁皮等）也并不少见。利用这些原料，只要将上述方案略加修改，就可设计开发成一个极好的学生家庭趣味实验，让学生在实验中充分感受化学学习的乐趣。

一提起木炭，人们脑海中的第一印象就是黑乎乎的固体。但用木炭作画别有一番风味，让我们一起动手将木炭变得更具艺术性，一起“燃薪作画”吧。

说起木炭画，就不得不介绍叶浅予先生。徐悲鸿在《叶浅予之国画》一文中称赞：“浅予之国画，一如其速写人物，同样熟练。故彼于曲直两形体，均无困难，择善择要，捕捉撷取，毫不避忌，此在国画上如此高手，五百年来，仅有仇十十洲、吴友如两人而已，故浅予在艺术上之成就，诚非同小可也。”叶浅予童年时期就非常喜欢绘画和创作，他经常用家里烧剩的炭块来画自己想象的图案，以至于家里到处都是他的杰作。

我们也可以在条件允许的情况下尝试燃薪作画。

自制木炭步骤：

收集木材、干草

↓

在土地上画一个约40厘米的圆圈

↓

在圈内挖坑，深度约为30厘米

↓

然后将干草铺到坑底，上面放置木材

↓

点燃底部干草

↓

等干草燃烧旺盛，火焰到达木材

↓

木材燃烧，直至木材烧焦后，迅速用土将其全部覆盖

↓

等待20分钟，从土里可取出烧制好的木炭

找一张白纸，就可以开始艺术的创作了。如图6-2所示。

图6-2　炭条画

6.2 炭的吸附性——净化防潮好帮手

如果对木炭进行细致的观察，可以发现其外观上孔隙甚多，在燃烧时产生极少的烟。木炭除了御寒和冶炼金属之外，还有什么“另类”作用呢?

6.2.1 木炭的“另类”作用

由于炭的特性，古人还将其用于棺椁的防潮防腐上。如春秋战国及秦汉时期的墓葬流行用木炭防腐，以《吕氏春秋·节丧》为证:“题凑之室，棺椁数袭，积石积炭，以环其外。”考古发掘的秦汉古墓葬也提供了诸多实证。马王堆一号墓出土的女尸，经过两千多年依然保存得非常好。这个墓穴木撑的四周和上下填塞了一万多斤的木炭，木炭外面又用白膏泥填塞封固，这样才能让这个墓穴保持干燥，让女尸不腐。

木炭入药始于魏晋南北朝，晋葛洪《肘后备急方》卷六:“误吞钱，烧火炭末，服方寸匕，即出。”明李时珍《本草纲目》等医学典籍中均有“白炭入药”记载，其中提及了木炭用于治疗肠胃及内科疾病。

随着科学技术的发展，从20世纪开始，人们就以活性炭代替木炭作为药用。活性炭能有效地遏制肠道内的气体，吸附那些能产生气体的物质，如细菌或者霉素等。药典中对活性炭的描述：本品系由木炭、各种果壳和优质煤等作为原料，通过物理和化学方法对原料进行破碎、过筛、催化剂活化、漂洗、烘干和筛选等一系列工序加工制造而成。本品为黑色粉末，无臭，无味；无砂性。其中药典对药用活性炭的类别归为药用辅助、吸附剂等，在药典中对其入药质量都有明确规定。

6.2.2 “化”尽其用——疏松多孔有奇功

活性炭又称活性炭黑，是黑色粉末状或颗粒状的无定形碳。活性炭主成分除了碳以外，还有氧、氢等元素。活性炭在结构上由于微晶碳是不规则排列，在交叉连接之间有细孔，因此是一种多孔碳，堆积密度低，比表面积大。

活性炭的多孔结构为其提供了大量的表面积，能与气体（杂质）充分接触，从而赋予了活性炭所特有的吸附性能，使其非常容易达到吸收杂质的目的。就像磁力一样，所有的分子之间都具有相互作用力。正因为如此，活性炭孔壁上的大量分子可以产生强大的引力，从而达到将有害杂质吸引到孔径中的目的。但不是所有的活性炭都能吸附有害气体，只有当活性炭的孔隙结构略大于有害气体分子的直径，能够让有害气体分子完全进入的情况下（过大或过小都不行），才能达到最佳吸附效果。如图6–3所示。

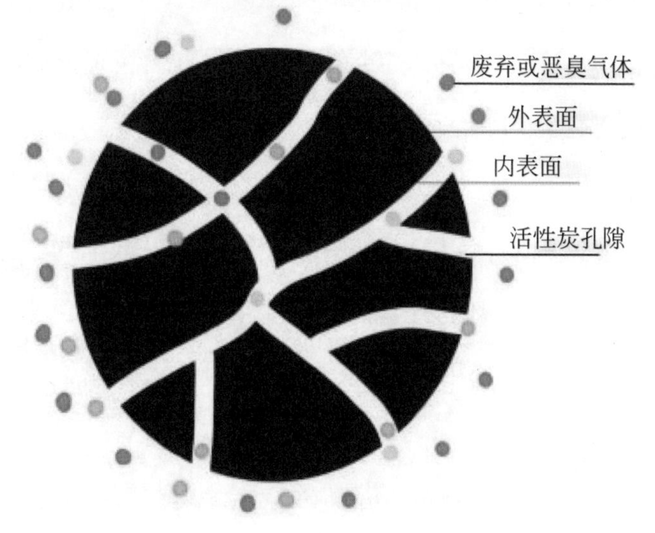

图 6-3　活性炭及吸附示意图

6.2.3　躬行实践——简易净水器DIY

活性炭作为一种环境友好型吸附剂，具有原料充足且安全性高、耐酸碱、耐热、应用范围广、适应性强、粒状炭可进行再生重复使用等优势，在活化过程中形成大量的各种形状的细微孔，具有强大的吸附作用。活性炭可去除水中余氯、胶体、重金属、放射性物质等，可以除去水中的异臭、异味。

【实验原理】

利用纱布与卵石过滤较大颗粒的不溶性物质、石英砂过滤颗粒较小的不溶性物质、活性炭吸附有色有味的物质、蓬松棉吸附颗粒很小的不溶性物质来净化水源。

【实验材料】

饮料瓶、吸管、石英砂、纱布、蓬松棉、活性炭、清洗过的小卵石20枚左右、剪刀、钻子。

【实验步骤】

① 拿一个饮料瓶，用剪刀剪去瓶底，将瓶身剪至约二分之一处或五分之一处不等，根据自己需要而定。

② 在瓶盖处用剪刀和钻子刺一个小孔，插入吸管，以便让液体可以流出。

③ 分别用纱布将小卵石、石英砂、活性炭包裹起来。

④ 把瓶口处倒过来放，依次放入蓬松棉、包有纱布的活性炭、包有纱布的石英砂及包有纱布的小卵石，这样就得到一个简易家用净水器（见图6-4）。

⑤ 将瓶底与瓶壁粘起来，作为一个可自由开合的盖子。

说明：小卵石要用高压锅煮；石英砂要多淘洗几遍；蓬松棉要洗干净；活性炭超市有购；活性炭用颗粒的，也要洗干净；纱布、蓬松棉可以多放两层。

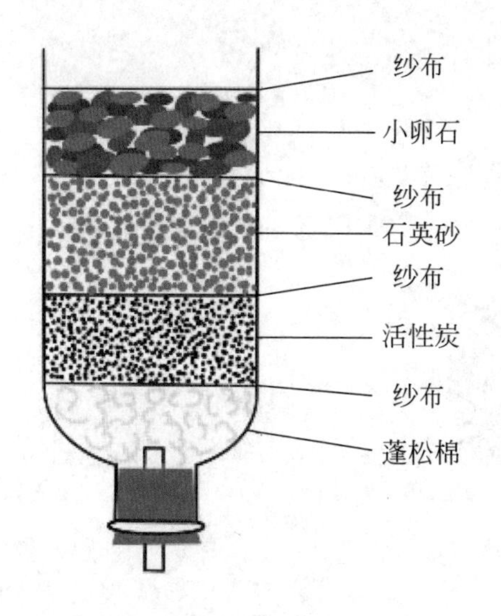

图 6-4　简易净水器示意图

吸附特性的利用

活性炭（图6-5）具有的吸附特性使得它在很多方面有着广泛的应用。例如，20世纪20年代活性炭防毒面具在第一次世界大战中使用，到第二次世界大战依然有活性炭防毒面具的身影。之后，活性炭又从战争进入普通百姓的生活中，它一直都是污水处理厂、医院等地的主要功臣。随着技术的进步，活性炭市场不断扩大，活性炭的吸附和催化功能在众多行业的应用陆续开发。活性炭能有效吸附甲醛、氨、苯、二甲苯、氡等室内有害气体分子，快速消除装修异味，成为应用最广泛、最成熟、最安全、效果最可靠的一种方法。活性炭可用于消除新买的家具存在的异味，也可以将活性炭放在鞋子里面除臭味。

图6-5　活性炭实物

活性炭口罩

图6-6　活性炭口罩

活性炭口罩（图6-6）里面活性炭层的滤料主要以两种形式为主：①活性炭纤维布；②活性炭颗粒。活性炭口罩的主要功用在于吸附有机气体、恶臭及毒性粉尘，过滤微细的粉尘主要是靠超细纤维静电过滤布，也就是通常所说的无纺布和熔喷布配合使用。活性炭口罩集这几种材料于一体，具备防毒和防尘的双重效果，主要功能如下。

①防毒、除臭、滤菌、阻尘等功效。

②特别适用于含有有机气体、酸性挥发物、农药、SO_2、Cl_2等刺激性气体的场合，防毒、除臭效果显著。其能有效防止普通口罩不能起作用的5微米以下的飘尘以及由呼吸道传播的多种病菌，是医疗事业、化工事业、喷涂车间、皮革行业及环卫部门的理想防护用品。

6.3 人造金刚石——点“石”成“金”

汉代刘向《列仙传》中记载着这样的传奇故事：“许逊，南昌人，晋初为旌阳令，点石化金，以足逋赋。”意思是，许逊，南昌人，晋朝初年的时候任旌阳县令，可以把石头变成金子，为了补齐老百姓所交赋税。

世上真有点石成金这等好事？

6.3.1 点石成金真的可行？

点石成金这个成语在古代意味着仙道点铁石而成为黄金。今比喻修改文章或应用文辞时能化腐朽为神奇；也指对人稍作指导，就可以让他幡然醒悟。

《西游记》第四十四回写道：“我那师父，呼风唤雨，只在翻掌之间；指水为油，点石成金，却如转身之易。”

有这样一则故事：一人贫苦特甚，生平虔奉吕祖。吕祖乃吕洞宾也，为道教全真派之祖。吕祖感其诚，一日忽降其家，见其赤贫，不胜悯之，因伸一指，指其庭中磐石。俄顷，灿然化为黄金，曰：“汝欲之乎？”其人再拜曰：“不欲也。”吕祖大喜，谓：“子诚能如此，无私心也，可授以大道。”其人曰：“不然，我欲汝之指头也。”吕祖倏不见。

世上真有如此神奇的金手指，能让石头化为黄金吗？让我们用科学的视角来分析、解决问题。

由质量守恒定律可知，化学反应前后元素的种类不变。石灰石的主要成分是碳酸钙，碳酸钙是由钙、碳、氧三种元素组成的，因此石灰石无论经过哪位仙人的金手指点化都是不可能变成黄金的。古代点石成金虽不能实现，但是现在却有化碳为钻的能力。人类虽然在五千年前就从自然界获取了金刚石，但一直不知道它是由什么元素组成的。直到1704年，英国科学家牛顿才证明了金刚石具有可燃性。之后又经法国科学家拉瓦锡、英国科学家腾南脱，用实验证明了金刚石和石墨是碳的同素异形体（同一的单一化学元素组成，因排列方式不同，而具有不同性质的单质），这才弄清楚金刚石是由纯净的碳元素组成的。1799年，法国化学家莫尔沃把一颗金刚石转变为石墨，这激发了人们的逆向思维，能不能把石墨转化成金刚石呢？自此以后，科学家们对于怎样把石墨转化为金刚石，表现了极大的兴趣。

6.3.2 “化”尽其用——世上真的有“金手指”

纯净的金刚石是无色透明、呈正八面体形状的固体。在自然界中，金刚石硬度最大，可以用来切割玻璃，也用作钻探机的钻头。

钻石由金刚石加工琢磨而成，是珠宝中的贵族，它通明剔透，散发着清冷高贵的光辉，颇有“出淤泥而不染”的气质。

世界各地的钻石矿均具有相同的特征，因此，可以认为钻石是在较古老的地质历史时期形成于地幔深处，在后期火山活动中，被金伯利岩浆或钾镁煌斑岩浆带至地表，并赋存在金伯利岩和钾镁煌斑岩中，形成钻石原生矿。原生矿经过风化剥蚀作用，被带至河流或滨海环境沉积下来，则形成钻石的次生砂矿。

自然界中天然钻非常少，大颗粒钻石更是凤毛麟角。一般来说，人们从1吨金刚石砂矿中，只能得到0.5克拉钻石，所以它们的数量远不能满足人们日益增长的需求。因此，人们便开始尝试用人工合成方式来补充天然储量的不足。

人工合成金刚石（图6-7）的方法主要有两种，高温高压合成法及化学气相沉积法。

图6-7 人工合成金刚石

最初的合成方法，也是目前普遍使用的方法，是高温高压合成法。其大致原理是：高温高压下，石墨粉融于金属熔剂中，碳原子向高压舱较冷的一端扩散，最终在籽晶上结晶生长。高温高压法技术已非常成熟，并形成产业，国内产量极高，为世界之最。

1955年，美国科学家霍尔等改良了压力机，在理想的高温高压（1650℃和95000个大气压）下完成了人造钻石的制备，合成了金刚石，并在类似的条件下重复多次亦获成功，产品经各种物理的、化学的检测，确证为金刚石。这是人类历史上第一次合成人造金刚石成功。

该工艺涉及大型压力机，重量达数百吨，在1500℃时产生5吉帕（Gpa）的压力。

早期高温高压合成的金刚石都为深黄褐色晶体，无法作为首饰级钻石。随着合成技术的不断改进，现在已经可以合成出30克拉以上的无色钻石。

光鲜亮丽的钻石奢侈品，其实原本也只是工厂里的碎料工具。它作为“最硬最锋利的工业牙齿”，有着磨凿加工其他一切材料的气势。而自然通透的晶石经过打磨加工，竟然也展现出令人惊叹的美感。被切割成多面的钻石在光照下熠熠生辉，成了美轮美奂的装饰品。工业碎料摇身一变跃升为高级奢侈品，价格也翻了好几番。

温度梯度、除氮和掺硼技术是合成无色钻石的三大核心技术。在强调天然钻石与人造钻石区别的同时，他们还专门研发了鉴别两者的仪器。通过仪器检查钻石内部氮原子的分布，再通过紫外线观察钻石生长结构，从而推断出钻石的形成过程，是天然形成抑或通过短暂高压形成。目前这种合成钻石的鉴定要点，主要是观察钻石内部的金属包体，以及高能光源激发下异常的结构色。

化学气相沉积法所需的压力较低：在1000℃和12千帕（Kpa）下，以氢气为催化剂，让甲烷离解出的碳原子在电场的引导下，在金刚石籽晶片上连续层状沉积，最终结晶生长成钻石单晶体。化学气相沉积法仍主要用于实验室中。郑州大学单崇新教授团队开发出化学气相沉积方法合成金刚石单晶和克拉级钻石的工艺，合成出质量1.2克拉以上、颜色优白级、净度SI1级的高品相钻石。

6.3.3 躬行实践——金刚石的妙用

金刚石不仅可以加工成价值连城的珠宝，在工业中也大有可为。它硬度高、耐磨性好，可广泛用于切削、磨削、钻探；由于热导率高、电绝缘性好，可作为半导体装置的散热板。它有优良的透光性和耐腐蚀性，在电子工业中也得到广泛应用。

第7章 烈火真『金』

7.1 水中闻虎啸，火里见龙行

火在人类进化史中扮演着非常重要的角色，极大地改变了我们的生存和生活条件，与人类早期文明也有着极为密切的关系，其贯穿了旧石器时代到新石器时代，再到铜石并用时代、青铜时代以及铁器时代。

火（图7-1）的形态十分奇特，与我们常见的物质有很大的区别。唐朝的吕岩曾写道："水中闻虎啸，火里见龙行。"意为水流动发出的声响犹如老虎咆哮，燃烧的火焰的形状犹如飞龙飞行，可见火的与众不同。那么火究竟是什么，又是如何产生的呢？

图7-1　火

7.1.1 火是什么？

在古代，由于生产力水平低下，科学技术尚未萌芽，人们不知火究竟为何物，也不知道燃烧的本质是什么，但知道火是与水一样重要的物质。我国商周时期形成的阴阳和五行学说认为宇宙是由金、木、水、火、土所构成的。化学这门科学，是在欧洲中世纪炼丹术的基础上发展起来的，而欧洲中世纪的炼丹术源于阿拉伯的炼丹术，阿拉伯的炼丹术又是从中国传过去的。丹的主要成分是Pb_3O_4（四氧化三铅）和HgS（硫化汞）。在炼丹过程中，人们发现

S（硫）是易燃物质，并认为物质能燃烧是因为含S（硫）。虽然此结论后来被证明是错误的，但是已经挣脱了火是基础物质组成的思想，开始向探索燃烧本质机理发展。

物质一般分为固态、液态和气态，而火却不属于其中任何一种。在18世纪时，科学家们在研究燃烧现象时发现了氧气，继而法国科学家拉瓦锡提出了燃烧的氧化说，认为燃烧的本质是物体与氧发生了化合反应。从化学的角度解释，火是物质燃烧过程中伴随发光发热现象的强烈化学反应。从物理的角度解释，火是一种等离子态物质。所谓等离子态，是气体在几百万摄氏度的极高温或在其他粒子强烈碰撞下所呈现出的物态，可以看作是固态、液态、气态外的第四种状态。太阳及其他许多恒星是极炽热的星球，它们都是等离子体。地球高空的电离层、闪电、极光等也是等离子体。由此可见，火并不是单独的物质，而是物质的一种状态。

火的形态奇特，与其他物质状态相比没有特定的形状，可以随着外部环境的变化而多种多样，无法捕捉，而且火焰一般呈向上的形态，这是因为在燃烧的时候周围空气受热上升，火焰就被拉长了。如果是在太空没有重力的环境下，火苗就会均匀地扩散，并形成一个散发着光芒的球。其他星球上的火见图7-2。

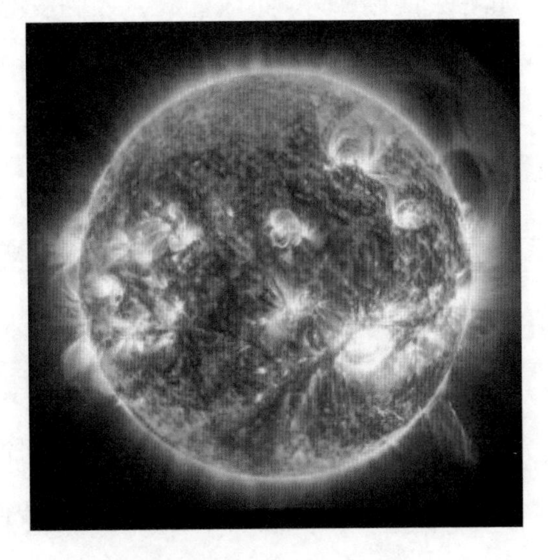
图7-2　其他星球上的火

7.1.2 “化”尽其用——火的利用

火是自然界中存在的一种自然现象。气候干热的时候，森林常产生雷电，雷电击中树木，就会产生火。大火烧死大量动物，被原始人发现并品尝，发现其非常美味。中国古代有一段神话传说，在远古时，河南商丘一带是一片森林，在森林中居住的燧人氏经常捕食野兽，当击打野兽的石块与山石相碰时往往产生火花。燧人氏从这里受到启发，就以石击石，用产生的火花引燃易燃物，生出火来。原始人还发现可以用木棍在坚硬的石头上往下钻，继而会发热并产生火花，添加易燃物就能生火，这就是“钻木取火”的由来。在北京人时期，为了方便用火，他们还学会了保留火种的方法，即用灰土将火堆掩盖起来，火会在内部缓慢燃烧而不熄灭，需要使用时，扒开火堆，添加易燃物引燃即可。对火的利用，使原始人吃上了熟食，增强了他们的体质，减少了疾病的发生，人类最终摆脱了茹毛饮血的时代。不仅如此，人们发现火还可以提供温暖、照明以及驱逐野兽，于是开始人工取火和利用火，用火烤制食物、照明、取暖、冶炼等。

可见，火在人类发展中意义重大。恩格斯说：“人类学会了摩擦取火以后，人才第一次使无生命的自然力为自己服务。”自此，火的利用标志着人类的生活进入了一个新的阶段，促进了人类的发展。

但火失控时，会导致很大的危害。火失控常常称作失火或火灾。当闪电击在原始森林的时候，可能引起森林火灾。生活中处处有火，火灾隐患无处不有，如果我们使用不当，疏于防控，就会酿成灾难。火灾会烧掉人们经过辛勤劳动创造的财富，使大量的生产、生活物资化为灰烬；燃烧产生的二氧化碳、二氧化硫、有毒烟尘等还污染大气，破坏生态环境；更可怕的是火灾还涂炭生灵，夺去人的健康乃至生命。因此，家庭中应常备小型灭火器。泡沫灭火器(把硫酸铝与碳酸氢钠溶液混合并加入稳定剂，喷出后生成含有二氧化碳的泡沫）可以扑救易燃液体和固体引起的火灾；干粉灭火器可以扑灭油类、可燃气体和电器引起的火灾；二氧化碳灭火器可以扑灭油类、带电设备、精密仪器、书籍档案等贵重物品引起的火灾。如果家里发生火灾，火势过大，要及时逃离到安全区域并拨打119。

7.1.3 躬行实践——自制泡沫灭火器

【实验目的】

通过自制灭火器，了解泡沫灭火的原理，体会化学在生活中的应用。

【实验材料】

硫酸铝溶液、小苏打、空矿泉水瓶、空棒冰袋、蜡烛、火柴或打火机、针、洗涤剂。

【实验步骤】

如图7-3所示：

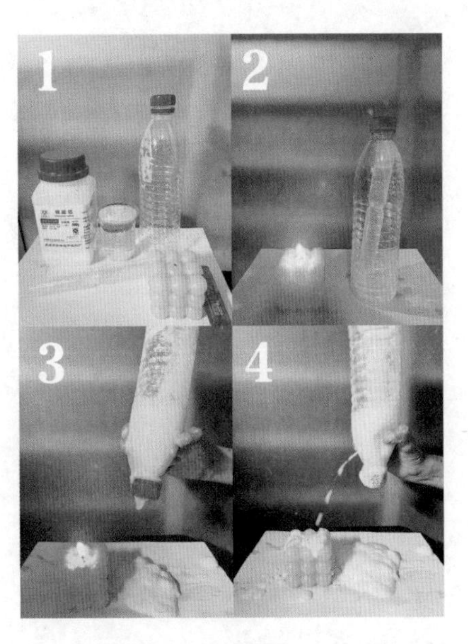

图7-3　自制泡沫灭火器灭火过程

① 在空矿泉水瓶的上部用针扎上小孔，并在瓶中加入适量小苏打固体。

② 在空棒冰袋里面加满饱和的硫酸铝溶液（其中加少许洗涤剂），并将其置于装有小苏打的空矿泉水瓶中，拧紧瓶盖，正放于桌上。

③ 用手指堵牢第2步制好的矿泉水瓶上的小孔，并将其倒置，上下振荡几次。

④ 点燃蜡烛，将矿泉水瓶针孔处对准蜡烛火焰，松开堵住小孔的手指，反应产生大量的白色泡沫，并很快将火焰扑灭。

为什么硫酸铝溶液和小苏打溶液混合后产生了大量的泡沫，而将火焰熄灭呢？原来是因为硫酸铝溶液和小苏打溶液混合发生了双水解反应，生成了大量的CO_2气体，CO_2气体无法助燃，隔绝了氧气，火焰就被扑灭了。

$$Al_2(SO_4)_3 + 6NaHCO_3 = 2Al(OH)_3\downarrow + 2CO_2\uparrow + 3Na_2SO_4$$

7.2 火树银花合，星桥铁锁开

这句出自唐代苏味道的诗《正月十五夜》。火树，即许多悬灯的树。银花，就是烟花火焰。火树银花，多形容节日夜晚灯光和烟花的灿烂绚丽。星桥，一指神话中的鹊桥；二指七星桥，在四川省成都市，传为秦时李冰所造，上应七星，有一铁锁。“火树银花合，星桥铁锁开”描写了元宵之夜，树上的灯火之光和燃放的烟花之光连成一片，展现了京城可以夜行观赏、尽情欢乐的情景。

自古至今，烟花（图7-4）向来是繁华盛世、歌舞升平的象征，每逢佳节、隆重特殊的日子都会放烟花来庆祝。烟花以火药为主要原料，在引燃后通过燃烧或爆炸，产生声、光、色、形、烟雾等效果，用于娱乐观赏。那么，璀璨夺目的烟花为什么是五颜六色的呢？它是如何被发现，又是如何演变而来的呢？这就需要从历史讲起了。

图7-4 烟花

7.2.1 “火树银花”识焰火

据《神异经》记载，古时候，人们途经深山露宿，晚上点篝火，一为煮食取暖，二为防止野兽侵袭。然而山中有一种动物既不怕人又不怕火，经常趁人不备偷食东西。人们为了对付这种动物，就发明了在火中燃爆竹，用竹子的爆裂声使其远遁的办法，这大概是有迹可循的最早制作爆竹的方法。唐朝初期，瘟疫四起，有个人叫李畋（tián），他把硝石装在小竹筒里，导引点燃后使其发出很大的声响和浓烈的硝烟，以驱散山岚瘴气，制止了瘟疫病流行。于是驱瘟避邪的爆竹很快推广开来，李畋因此被烟花爆竹业奉为花炮祖师，这便是装硝爆竹的雏形。后来火药出现，人们将硝石、硫黄和木炭等填充在竹筒内燃烧，产生了“爆仗”。到了宋代，民间开始普遍用纸筒和麻茎裹火药编成串做成“编炮”，因其形似鞭，其声清脆，又称“鞭炮”。在宋代，烟花的制作已经很成熟，一些商人会在元宵节购买大量烟花，入夜后燃放直至深夜。宋代词人辛弃疾就曾经写过“东风夜放花千树，更吹落，星如雨”的词句，来描述当时人们过元宵节燃放烟花的盛况。

烟花由上下两部分组成，下部装有类似火药的发射药剂，上部填装燃烧剂、助燃剂、发光剂及发色剂。发色剂是含各种金属元素的化合物，在燃烧时呈现各种各样的颜色，化学上称之为焰色反应。

7.2.2 “化”尽其用——“火树银花”原理解析

我们看到的五颜六色的烟花，是因为金属发生焰色反应后呈现出的颜色各不相同。那么，为什么金属燃烧的焰色不一样呢？又为什么像钠、钾等元素燃烧后有颜色的变化，而铁和铂这样的金属没有颜色变化呢？这就需要了解光是什么，以及光是如何分类的。

第一个问题：光是什么？历史上，众多科学家为了解释什么是光，纷纷发表自己的学说。牛顿认为光是由一颗颗像小弹丸一样的机械微粒所组成的粒子流；惠更斯认为光是波；麦克斯韦推测光是电磁波；赫兹通过实验证实了电磁波的存在；马可尼受到赫兹电磁波实验的启发，实现了无线电通信；爱因斯坦通过光电效应实验证明了光依然具有粒子的属性，所以提出了光量子说。总的来说，光本质上是一种处于特定频段的光子流，具有波粒二象性，是能量。我们平时见到的太阳光是由七色光（图7–5）构成的，颜色不同的原因是它们的能量不同，所对应的波长也不同。光分为两类：可见光和不可见光。人眼能看到的电磁波的波长范围是390~770纳米，390纳米左右的是紫色光，小于这个波长的光人眼就看不到了，是紫外线。770纳米附近的是红色光，波长大于这个范围，人眼也感觉不到，也就是红外线。

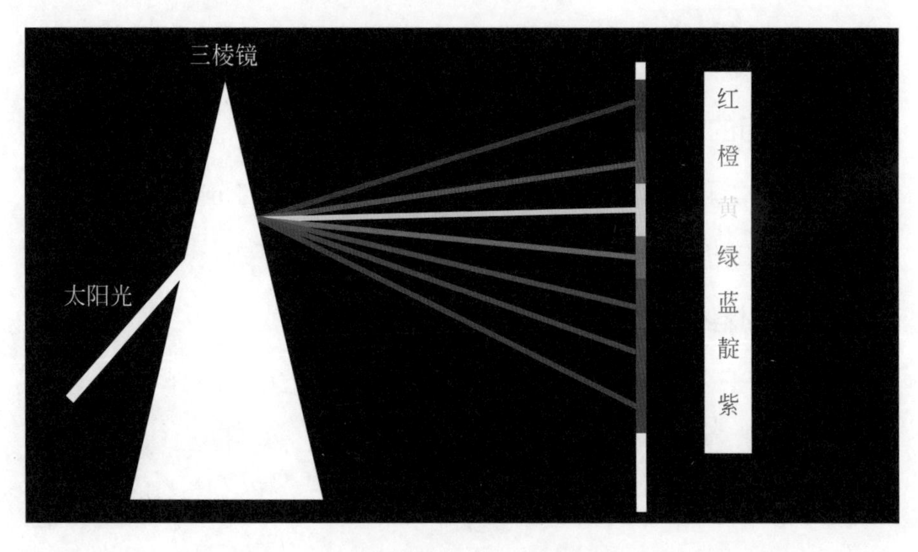

图7–5　七色光

第二个问题：为什么锂（Li）、锶（Sr）、钠（Na）、铜（Cu）、钾（K）这些金属元素有焰色且焰色不一样？同样是金属，为什么铁（Fe）和铂（Pt）这样的金属没有焰色呢？

其实，我们看到的不同焰色的光，对应着不同的能量。能量的释放，源于原子核外电子的跃迁，回到基态时所释放的能量对应的波长，如果在可见光的范围内则产生焰色反应，反之则没有。能量不同，波长不同，对应的光的颜色也不同，如锂、锶、钠、铜、钾元素。如果在不可见光范围内，则没有焰色现象，如铁和铂在灼烧的过程中虽然也发生了能级跃迁，但释放的能量对应的波长是不可见光，不能被肉眼捕获，所以就没有焰色现象。

7.2.3 躬行实践——彩色火焰蛋壳蜡烛DIY

【实验目的】

通过制作彩色火焰蛋壳蜡烛，体验焰色反应的奇妙，感受科学生活小实验的趣味性，培养动手操作能力。

【实验材料】

白蜡若干、铁勺、蛋壳、剪刀、加热装置（酒精灯）、彩色眼影粉、棉芯、牙签。

【实验步骤】

如图7-6所示：

① 制作蛋壳：将蛋壳打开（可以按照你所需要的形状，开口），

倒出蛋液，用小剪刀修正开口周围（还可以用画笔画出色彩或图案）。

② 熔化蜡烛：将白蜡放入铁勺中加热，待熔化后，加入少许彩色眼影粉，用牙签将其搅拌均匀使眼影粉熔化并溶入蜡液。

③ 添加棉芯：将熔化的蜡液慢慢倒入蛋壳中适合位置，然后把剪好长度的棉芯放到蜡液中，稍微固定，待冷却凝固，彩色火焰蛋壳蜡烛就制作成功了。

图 7-6　彩色火焰蛋壳蜡烛制作过程

7.3 国之大事，在祀与戎

祭祀和战争是古代政治中两项最重要的事务，而青铜器技艺的盛衰，与各个时代的政治礼制息息相关。

1976年，陕西临潼零口乡出土了一座“武王征商簋(guǐ)”，簋腹内底镌刻了一段铭文。铭文上共包含33个字，证实了后世对“武王伐纣”一事的文字记载是可靠的。铭文大意是：周武王征讨纣王，在岁星当空的甲子日清晨，顺利灭商。辛未日，武王在阑师这个地方赐给作为右史的我（利）很多铜和锡，我把它们铸成祭器以纪念先祖檀公。

右史（利）尊崇礼法的循规蹈矩，却无意中开启了人类历史最伟大的信史源头之一。利所铸造、被今人称为“武王征商簋”的青铜礼器，不仅是现存最早的西周青铜器，更是中华文明“童年时代”最重大的历史——武王伐纣的第一见证。

7.3.1 古代青铜进化史——一部活生生的史书

早在仰韶文化时期，即公元前5000年到公元前3000年就已经出现了青铜器。图7-7为姜寨遗址出土的黄铜片和黄铜管。

到龙山文化时期，即距今4000 ~ 5000年之间，铜器的数量增多，主要为小铜刀、小铜块。到夏、商、周三代的青铜器，其功能均为礼仪用具和武器及其附属用具，形成了具有中国传统特色的青

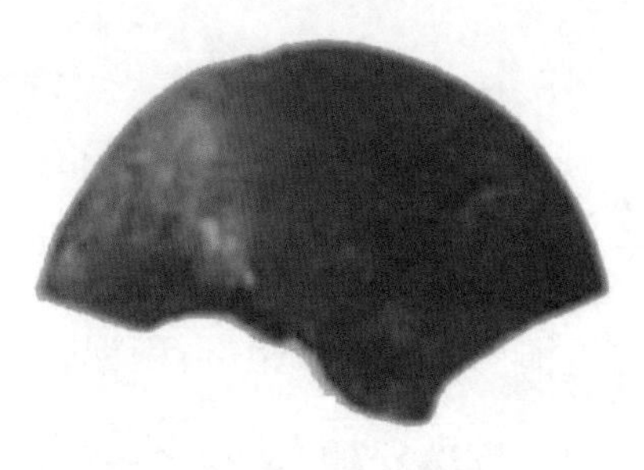

图 7-7　姜寨遗址出土的黄铜片和黄铜管

铜器文化体系。

从最初的铜片，到夏商周时期的鼎、觚（gū）、爵、斝（jiǎ），青铜器的工艺越来越纯熟，说明青铜器在社会发展的过程中成了一种社会符号或者文化符号，是把铜器融入了社会功能、政治意愿、精神内涵，包括宗教信仰。如我国出土的西周晚期（孝王时期）大克鼎，是一名叫克的大贵族为祭祀祖父而铸造的青铜器，鼎腹内壁铸有铭文，主要记录了克因先祖功绩，得到周王的策命和大量土地、奴隶的赏赐等。又如东汉时期的马踏飞燕，展现了当时人们对骏马的喜爱。

青铜的出现并不仅限于中华文明，世界上大多文明都经历了青铜时代，这绝不是巧合。

中国古代青铜器合金的成分比例，最早见于《考工记》，其中记载了六种器物不同的含锡量，称之为“六齐”：

六分其金而锡居一，谓之钟鼎之齐；

五分其金而锡居一，谓之斧斤之齐；

四分其金而锡居一，谓之戈戟之齐；

三分其金而锡居一，谓之大刃之齐；

五分其金而锡居二，谓之削杀矢之齐；

金锡半，谓之鉴燧之齐。

实际上，古人最早发现青铜很有可能是无意识的。在包括中国南方在内的很多地区，铜矿和锡矿共生是很普遍的现象，而且锡石没有金属光泽，很难识别，因此最初的青铜可能是将铜矿石和锡矿石一起冶炼得到的。后来，古人逐渐发现这种意外加入的矿石能大大提高铜的性质，就开始主动在冶铸时加入锡矿。最后就发展成分别冶炼出铜锡铅或锡铅合金，再进行混合熔炼的青铜冶炼方法。

7.3.2 “化”尽其用——青铜器一定是青色的吗？

出土的青铜器有不同的颜色，如青绿色的、黑色的。都是青铜器，为什么颜色有这么大的差别呢？这与炼制过程中丰富的化学反应变化联系紧密。

我国的青铜冶炼技术分为火法炼铜和湿法炼铜。

（1）火法炼铜

据考证，商代的火法炼铜，主要是用孔雀石和木炭。火法炼铜是将含有铜元素的氧化物与还原剂如木炭在较高温度下进行反应制取单质铜的过程，此还原反应需要达到1100℃。人类很早就发现孔雀石通过灼烧后，会产生一种红色光亮的金属——铜。孔雀石的主要成分是碱式碳酸铜[$Cu_2(OH)_2CO_3$]，其受热会分解生成氧化铜(CuO)、H_2O和CO_2，这就是化学中四大基本反应中的分解反应。还原剂C或CO还原

CuO就是氧化还原反应。整个过程涉及的反应如下：

$$Cu_2(OH)_2CO_3 = 2CuO + H_2O + CO_2\uparrow$$

$$C + 2CuO \xlongequal{高温} 2Cu + CO_2\uparrow$$

$$CO + CuO \xlongequal{高温} Cu + CO_2\uparrow$$

另外，辉铜矿在我国的产量也极为丰富。辉铜矿中的硫化亚铜(Cu_2S)在冶炼过程中涉及的反应如下：

$$2Cu_2S + 3O_2 \xlongequal{高温} 2Cu_2O + 2SO_2\uparrow$$

再由氧化亚铜(Cu_2O)与剩余的Cu_2S反应：

$$Cu_2S + 2Cu_2O \xlongequal{高温} 6Cu + 2SO_2\uparrow$$

（2）湿法炼铜

我国是世界上最早使用湿法炼铜的国家，技术比西欧国家早500年。

西汉时期，刘安所著的《淮南万毕术》中有“曾青得铁则化为铜”的记载，意思是把Fe片放入$CuSO_4$溶液或其他铜盐溶液中，可以置换出单质Cu。

北宋著名湿法炼铜家张潜根据前人留下的湿法炼铜书籍，总结出一整套比较完整的胆水浸铜技术，于北宋绍圣年间写成湿法炼铜专著——《浸铜要略》。湿法炼铜也称胆铜法，其生产过程主要包括两个步骤。

一是浸铜，把铁放在胆矾的溶液中，使胆矾中的铜离子被铁置换成单质铜沉积下来；二是将置换出的铜粉收集起来，再加以熔炼。

$$CuSO_4 + Fe = Cu + FeSO_4$$

湿法炼铜的原理是利用了金属的活动性强弱规律（见图7–8）——位于铜之前的金属可以将位于铜之后的金属从其盐溶液中置换出来，也就是金属性比铜强的物质置换比它弱的金属（活泼性金属K、Ca、Na除外）。

K	Ca	Na	Mg	Al	Zn	Fe	Sn	Pb	(H)	Cu	Hg	Ag	Pt	Au

图 7–8　金属的活动性强弱规律

纯铜的颜色为紫红，纯锡的颜色为银白，而铜锡合金的颜色一般呈青灰色，因此得名“青铜”。

如今看到的青铜器表面的颜色，与青铜原本的颜色是不同的。这又是为什么呢?

在室温下Cu制品表面会被氧化生成红色的Cu_2O，它附着在铜器的表面，不易剥离。

$$4Cu + O_2 = 2Cu_2O \text{（红色）}$$

在适宜的条件下，Cu_2O又会生成黑色的CuO。

$$2Cu_2O + O_2 = 4CuO \text{（黑色）}$$

而长期暴露于空气或埋藏在土壤中，铜的氧化物就会逐渐变成$Cu_2(OH)_2CO_3$，呈蓝绿色。

$$2Cu + O_2 + H_2O + CO_2 = Cu_2(OH)_2CO_3 \text{（蓝绿色）}$$

所以从古到今，铜器表面的颜色可经历红色—红绿色—棕色—蓝绿色的变化过程（图7–9）。这就是我们看到的铜器常常是青色的原因了。

当然，青铜器表面除了铜的锈蚀产物以外，还有锡、铅或铁等合金元素的锈蚀产物，如锡氧化后的二氧化锡(SnO_2)呈白色，铅腐蚀后可生成白色的碳酸铅($PbCO_3$)、氯化铅($PbCl_2$)和黄色的氧化铅(PbO)等，这些矿物与铜锈相互作用，使青铜器表面呈现的颜色更是多种多样。

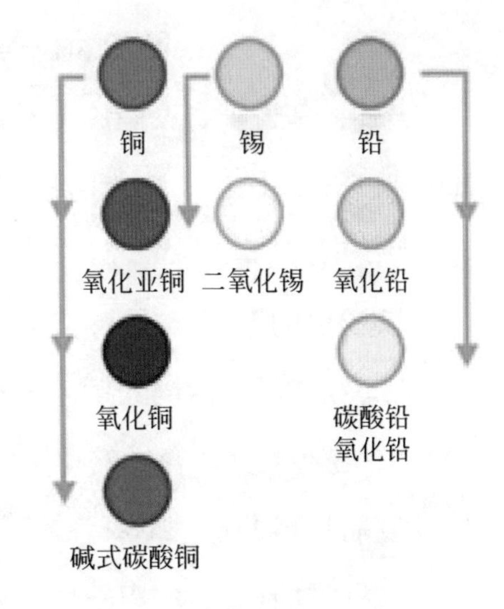

图 7-9　青铜器内金属变化过程

7.3.3　躬行实践——巧除铁制品铁锈实验

柠檬汁中含有一种有机酸，叫做柠檬酸，分子式为$C_6H_8O_7$（化学名称：3-羟基-1,3,5-戊三酸或2-羟基丙烷-1,2,3-三羧酸），结构简式为：

$$
\begin{array}{c}
CH_2COOH \\
| \\
HO-C-COOH \\
| \\
CH_2COOH
\end{array}
$$

柠檬水的pH=3，溶液呈酸性。铁锈的主要成分为氧化铁(Fe_2O_3)，氧化铁在酸性环境中会发生化学反应，具体的反应原理（离子方程式）如下：

$$Fe_2O_3 + 6H^+ \overset{}{=\!=\!=} 2Fe^{3+} + 3H_2O$$

另外，牙膏中有摩擦剂（如碳酸钙、磷酸氢钙、焦磷酸钙、二氧化硅、氢氧化铝），增大了洗刷时的清洁力度，让铁锈快速脱落，从而更快更好地清除掉。

【实验目的】

观察铁制品上铁锈的颜色，然后用柠檬水和牙膏除去铁制品上的铁锈，感受厨房里奇妙的化学反应，体会化学在生活中的价值。

【实验材料】

生锈的铁制品、柠檬一个、牙膏一支、废弃牙刷一支、一次性纸杯一个、刀。

【实验步骤】

如图 7–10所示：

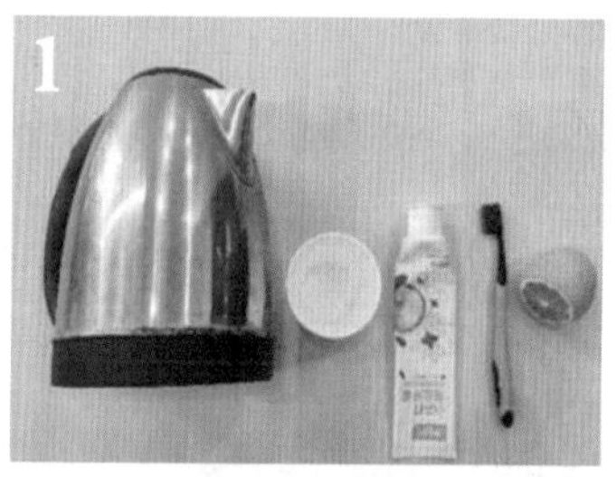
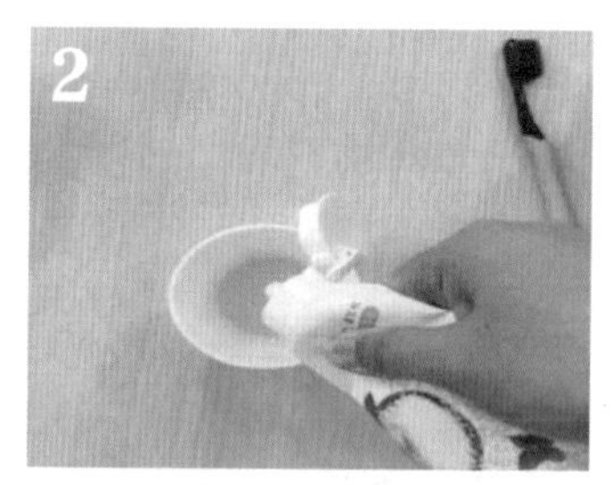

图 7–10　巧除铁锈

① 将柠檬切开，并将汁水挤入纸杯中。

② 挤出适量牙膏，利用牙刷将其与柠檬汁混合均匀备用。

③ 用牙刷蘸取适量的混合液体，涂抹在附有铁锈的铁制品上进行刷洗。

④ 最后用清水冲洗干净即可。

捌

第8章 燃料：文明的起源

8.1 爆竹声中一岁除，春风送暖入屠苏

古诗有云：“爆竹声中一岁除，春风送暖入屠苏。”放鞭炮贺新春，作为中国人民欢度春节的习俗，已经有两千多年的历史，为节日增添了不少欢乐的气氛。

8.1.1 火药：人类文明的助推器

燃烧，是一类剧烈的化学反应，其发生的基本条件是具有可燃物、助燃物和燃烧的条件。作为世界公认的中国古代四大发明之一的“火药”，是我国古代已能熟练掌握和利用燃烧反应原理的证据。

火药的主要成分是炼丹术中常用的药物，炼丹家将硝石、硫黄等共同炼制，目的是炼制药物。《本草纲目》中有关于火药治病的记载，“主疮癣，杀虫，辟湿气瘟疫”。由于火药是在炼丹中发明，人们更关心炼丹是否成功，而忽略了火药使物品爆炸的特性，因此火药首先应用于医药。“火”字则来源于它的特性，混合加热容易着火，甚至爆炸。

火药发明之后，立刻在中国乃至全世界广泛应用。火药的最初使用并非在军事上，而是烟花爆竹以及各种杂技表演中。历代很多诗人喜欢描写烟火。唐代诗人张说的《岳州守岁二首》：“桃枝堪辟

恶，竹爆好惊眠。歌舞留今夕，犹言惜旧年。”宋代王安石的《元日》：“爆竹声中一岁除，春风送暖入屠苏。千门万户曈曈日，总把新桃换旧符。”

事实上，火药被用于制造烟火后，不久就被运用于军事，引起了战略 、战术、军事科技的重大变革。唐朝末年，在战争的压力下，火药很快被运用于军事。《九国志》记载，唐哀帝时就利用“发机飞火”攻打城池。“发机飞火”就是将火药包点着，装在抛石机上抛掷，攻打城池。这是最早的用火药攻城的书面记载。

宋、明时期的大量战争促进了火药的发展。宋代的“霹雳炮”“震天雷”“突火枪”等具有强爆炸性的武器逐渐出现。元代的时候，又制造出了“铜将军”。明朝从西方引进了佛郎机、鸟铳、红夷大炮等火器，还组建了专门的枪炮部队——神机营，可以说是战争推动了火药的发展。由于清朝腐败的统治，火药火器的发展渐趋停顿。诺贝尔发明了近代炸药以后，我国古代黑火药逐渐走出历史舞台。

对于欧洲乃至整个世界来说，火药促进了世界文明的发展。12世纪，火药从中国经丝绸之路传到整个世界。由于欧洲一直处于政治多元化的状态，频繁发生战争，火药作为先进的武器被大规模地投入战场。

8.1.2 “化”尽其用——火药里的化学

到现在为止被完整保留的最早的火药配方，是唐元和三年

（808年）清虚子撰写的《真元妙道要略》中记载的“伏火矾法”：将硫黄二两、硝石二两、木炭三钱半全部放在罐中。把木炭烧红，放在罐子里面，就会起烟。

火药爆炸的实质是发生了剧烈且快速的氧化还原反应：

$$2KNO_3 + 3C + S \xlongequal{点燃} N_2\uparrow + 3CO_2\uparrow + K_2S$$

碳作为化学反应中的还原剂，硝酸钾和硫作为氧化剂，这个氧化还原反应不需要外加氧气，硝酸钾快速分解放出大量氧气，使木炭和硫黄剧烈燃烧，瞬间就可在密闭容器中产生大量的热和氮气、二氧化碳等气体，由于体积急剧膨胀，压力猛烈增大，于是就发生了爆炸。由于爆炸时有K_2S固体产生，往往有很多黑色浓烟冒出，因此这种火药被称为黑火药。根据科学测试，每4克黑火药着火燃烧时，可以产生280升气体，体积可膨胀近万倍。

在古代，木炭和硫黄都是非常好找的原料，但是硝石就不一样了。它虽然在世界上一些地方自然地出现，也可以通过人工手段制取，但是这个过程非常缓慢。很多国家重视对硝石的控制，经营硝石的人也获得了巨大的财富。来自某些鸟类和动物的粪便也是硝酸钾的重要来源。1879年，秘鲁和玻利维亚在阿塔卡马沙漠联合起来打击智利，争取采矿权，这场冲突被称为“鸟粪战争”，冲突的主要原因是该地区富含硝石。这个地区在第一次世界大战期间迅速成为硝石的重要来源之一。

硫黄为淡黄色脆性结晶或粉末，有特殊臭味，闪点为207℃。纯硫黄燃烧时发出青色火焰，伴随燃烧产生二氧化硫气体，与氧化剂混合后能引起激烈燃烧甚至爆炸。硫黄在地壳中的丰度为

0.048%，从天然硫矿制得，或将黄铁矿和焦炭混合在有限空气中燃烧制得。

木炭是木材或木质原料经过不完全燃烧，或者在隔绝空气的条件下热解，所残留的深褐色或黑色多孔固体燃料。木炭的主要成分是碳，灰分很低，热值27.21 ~ 33.49兆焦/千克，着火点320℃，在火药中起到助燃剂的作用。

8.1.3 躬行实践——火箭升空小游戏

【实验材料】

火柴、回形针、大头针、铝箔。

【实验步骤】

如图8-1所示：

① 裁出小块铝箔，包好火柴头。

② 将大头针插入铝箔和火柴间，轻轻将铝箔拨开一点缝隙，让空气进入。

③ 将回形针弯曲，做成火箭底座。

④ 将火柴放到底座上，点燃。

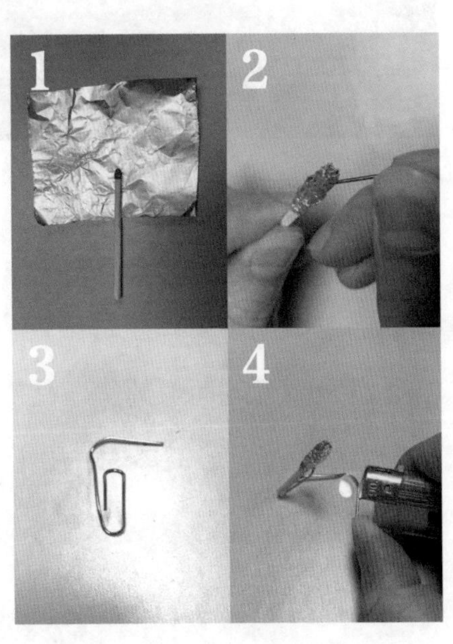

图8-1 “火箭升空”实验步骤图

8.2 凿开混沌得乌金，藏蓄阳和意最深

咏煤炭

于谦

凿开混沌得乌金，藏蓄阳和意最深。

爝火燃回春浩浩，洪炉照破夜沉沉。

鼎彝元赖生成力，铁石犹存死后心。

但愿苍生俱饱暖，不辞辛苦出山林。

图 8-2　煤炭

诗中的“乌金”指煤炭（图8-2），自古以来，人们就把煤炭誉为黑色的金子。化石燃料被大量运用以大规模发展工业，改善人类生活，其中运用最广泛的便是煤、石油和天然气。化石燃料也称矿石燃料，是由几千万年乃至几亿年前死去的动物和植物在地下分解而形成的不可再生资源，包括煤炭、石油、油页岩、天然气、油砂以及海下的可燃冰等。化石燃料是烃或烃的衍生物的混合物，含有大量能量，可以燃烧，用于生活的方方面面。

8.2.1 探寻化石燃料的发现史

化石燃料的形成十分艰辛，处处体现了大自然的魔力。在几

百万年前的地球上，生活着各种生物，有大片的树林与沼泽。随着这些动物和植物的死亡，它们的尸体沉落在沼泽或者海洋的底部，形成了一层叫作泥炭的海绵状物质，经过上万年乃至上百万年的时间，由于地球板块运动等原因，地质不断地变化，泥炭被沙子、泥土和岩石等覆盖，转变为沉积岩，化石燃料就是从沉积岩中提取出来的。化石燃料的形成过程充满了巧合，因此是不可再生资源，也就是说地球现有的化石燃料用完就不可再生。

由于被分解的生物尸体不同，泥炭在地下的埋藏时间不同，分解时外界的温度和压力各有不同，因此产生了不同的化石燃料，主要包括三类，也就是常说的三大化石燃料——煤炭、石油、天然气。

煤炭，简称煤，是最早被人类开采利用的化石燃料，主要用作取暖。到了19世纪中叶，随着工业的发展，煤炭已被广泛应用于工业生产中。煤自古以来就是重要的能源，我国是世界上最早认识和使用煤的国家，有悠久的历史。成书于春秋末战国初的《山海经》里曾提到，“女床之山其阴多石涅”，可见作为矿物的煤，最迟在战国时期就已经发现了。而在西方关于煤的最早文字记载始于公元315年，比我国晚了近800年。

石油的生产和应用早在汉代就有记载，在宋代以前，石油并不称为“石油”，而是名叫石脂水、石漆、泥井油、火井油等。直到沈括在《梦溪笔谈》中才第一次采用“石油”这个名称。沈括于1080年在延州（今陕西延安）任官时，发现当地的很多人都携带罐子，到泉边去装盛同时流出的黝黑油状物，说是可以用来点灯。沈括觉得好奇，也装了些带回家去。他在这些黑油中放入灯芯，然后将灯芯点燃，发现真的可以像豆油一样用来点灯照明。它烧出的黑烟凝聚成黑灰，黑灰可以被制成写字的墨。沈括于是将这种泉中流出的油称为“石油”。“石油”之名即由此而来。

中国的天然气利用历史要追溯到战国时期，李冰父子在四川兴修水利时，在盐井中发现了天然气，当时称为“火井”。从公元200年开始，在邛崃境内就开始用气熬盐。北宋仁宗时，中国的钻井工艺有了大的革新，促进了天然气的开发利用。公元16世纪，四川自然井盐田的天然气投入开发利用，成为世界上第一个开发的气田。新中国成立后，我国的天然气工业开始逐步发展。从四川地质勘探开始，延伸至陕甘宁、塔里木盆地和沿海地区，进行了大规模的天然气勘探活动。随着长输管线建设、海底管道建成、天然气汽车启动，所有天然气活动陆续展开。

8.2.2 “化”尽其用——化石燃料的燃烧与利用

(1) 化石燃料的燃烧

要知道化石燃料是如何燃烧的，首先要知道化石燃料的组成。从以上化石燃料复杂的形成过程可以看出，它们都是复杂的混合物，都含有大量的碳元素，而碳元素可以燃烧，同时释放大量的能量，所以说化石燃料含有大量的能量。根据质能守恒定律，拥有质量的物质一定拥有能量，但是如何将能量释放出来是我们面临的难题，目前最简单也是最早发现的能量转化方式便是燃烧。绝大部分物质在一定条件下都可以燃烧，在日常生活中有些物质无法燃烧，比如金属铁，这是因为没有达到它燃烧的条件，通常在更高温或高压条件下就可以发生燃烧。比如铁丝在空气中无法点燃，而在纯净的氧气中可以被点燃，甚至燃烧十分剧烈，火星四溅。在这个燃烧过程中，铁含有的能量也就是化学能，转化为了热能以及光能。

煤组成比较复杂，是一种混合物，主要成分为碳元素，还含有氢元素、氮元素、硫元素和氧元素等。根据组成不难看出，煤作燃料的原理为碳的燃烧，碳和氧气在点燃的条件下生成二氧化碳或一氧化碳。当氧气充足时，煤可以充分燃烧生成二氧化碳；而氧气不足，煤燃烧不充分会生成一氧化碳，甚至直接变为碳的固体小颗粒，也就是煤燃烧时能看见的黑烟，这个黑烟的主要成分就是碳。尽量使煤充分燃烧生成二氧化碳的原因是：一方面一氧化碳有毒，是空气污染物，对空气造成污染并破坏生态环境；另一方面，煤的不充分燃烧极大地降低了能源利用的效率，大部分的能源没有得到利用。这就是为什么使用蜂窝煤的原因，将煤做成蜂窝状，留下许多小孔，增大煤与空气的接触面积，使煤能够充分燃烧，尽可能产生二氧化碳而不是一氧化碳，尽管如此，煤的能源利用效率依然较低。

石油是一种黏稠的深褐色的液体或固体，也是复杂的混合物，主要成分是烷烃、环烷烃、芳香烃等物质，主要含有碳元素和氢元素等。石油燃烧的主要过程依然是碳元素燃烧生成二氧化碳，并放出大量能量，还有氢元素的燃烧，生成水，同时也放出能量。利用不同物质沸点不同的原理，通过分馏塔，石油可以制出不同的产物，包括石油气、煤油、汽油、柴油、沥青、润滑油等。

天然气指化石燃料中的油田气和气田气，是一种无色无味的可燃性气体，主要成分是甲烷(CH_4)，还含有少量的乙烷(C_2H_6)、丙烷(C_3H_8)和丁烷(C_4H_{10})等气态烷烃，以及微量的硫化氢、一氧化碳等气体。甲烷燃烧的原理为：

$$CH_4 + 2O_2 \xlongequal{点燃} CO_2 + 2H_2O$$

完全燃烧生成二氧化碳和水，现象为产生蓝色火焰，发光放热。在家庭使用天然气煮饭的时候，正常颜色通常是蓝色火焰，但是由于火焰上的盖子是铜制品，脱落下的铜原子燃烧时，发生焰色反应，产生绿色的火焰，所以天然气充分燃烧时是蓝色火焰夹杂着绿色的火苗。当不充分燃烧时，会生成一氧化碳以及碳氢化合物，产生黄色或红色的火焰。因此家庭用天然气灶要设计氧气的通风口，以提供充足的氧气。

化石燃料燃烧都会产生大量的二氧化碳，二氧化碳虽然是无色无味无毒的“三无”气体，但是具有吸热和隔热的功能，并且质量比一般的空气重，留在地球的大气中，形成了一个“玻璃罩”，地球中的热量不能散发出去，使地球表面温度升高，造成温室效应。化石燃料的大量利用可以说是地球温度升高的主要原因之一，目前地球的平均温度比19世纪80年代高1℃。化石燃料的能源利用率较低，而新能源包括电能、太阳能、风能等的利用则要高效许多，因此找到高效清洁的可以替代化石燃料的新能源是目前能源发展的重要研究方向。

（2）化石燃料的利用

煤在古代主要用于烧火取暖，在寒冷的冬天挽救了无数人的生命。18世纪，煤炭和蒸汽机推动了第一次工业革命，科学家在煤炭燃烧过程中发现了煤气，也就是一氧化碳，从而发明了煤气灯。到了19世纪，在使用煤炭时，发现了煤燃烧的一种产物煤焦油，现在很多食物中的糖精就是以煤焦油为原料制成的。人们还发现从煤焦油中萃取出的苯酚，具有消毒杀菌的作用，由此发明了苯酚消毒剂。随着工业的发展，煤炭已被广泛应用于工业生产中，火力发电、炼钢工业等都离不开煤的燃烧。

石油被誉为工业的血液、黑色黄金，直到20世纪20年代，石油才被广泛发现和开采，世界能源结构也随之发生了变化，从煤变成了石油和天然气。随着石油工业的发展，石油产品在生活的方方面面都发挥了巨大的作用。在出行方面，汽车、高铁、飞机这些交通工具都有赖于石油。润滑油以及生产轮胎的主要材料合成橡胶来源于石油；铺设道路的沥青也是石油产物，沥青能够承受大型卡车，不易断裂。生活中各种塑料制品，包括食品袋、保鲜膜、水管等都是石油化工制品。有些化妆品的原料也是石油化工产品，比如凡士林、香水的香味之源吲哚，就是从石油中提取的。常见的布料包括涤纶、锦纶等合成纤维，也是石油化工产品。化肥、农药、合成药物中也利用了大量的石油。

公元前2000年，伊朗首先发现了地表渗出的天然气。人们发现它可以用来照明，古代波斯人因此制作了“永不熄灭的火炬”。地狱之门——燃烧了五十年不熄灭的大坑，实际上就是天然气被溢出发生燃烧。天然气是开采石油的副产品，之前人们通常把它当作废气直接燃烧。20世纪90年代，人们才开始使用天然气。天然气除了用于燃烧，还广泛用于发电、石油化工、机械制造等方面。

8.2.3 躬行实践——自制神奇蜡烛

【实验材料】

香蕉、薯片、小刀、打火机、玻璃杯。

【实验步骤】

如图8-3所示：

① 用小刀平整地切去香蕉的两端。

② 把切好的香蕉放进玻璃杯中，让香蕉头露出。

③ 将薯片掰出一个长条，做成烛芯。

④ 把烛芯插到香蕉上，点燃，蜡烛开始燃烧。

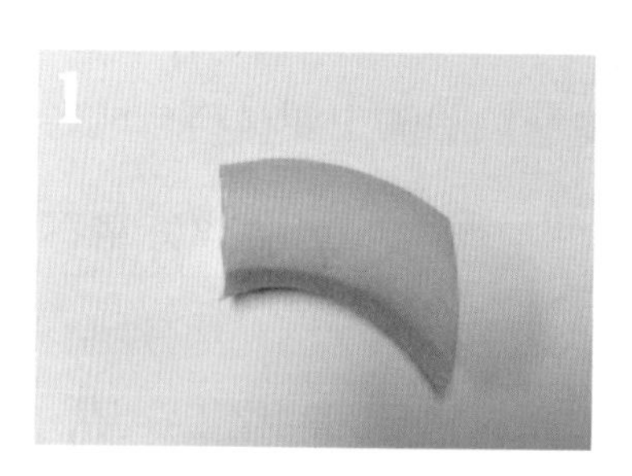

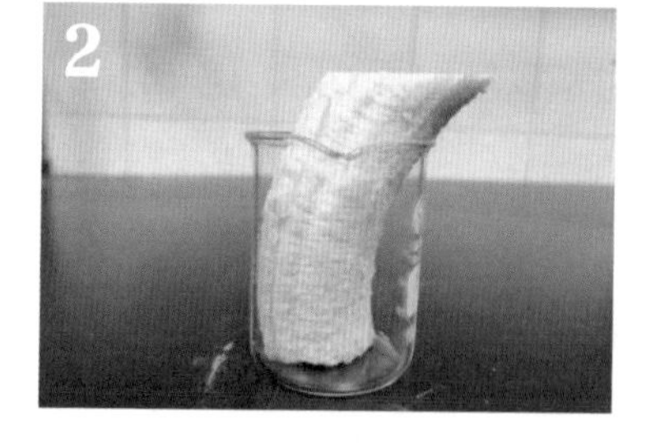

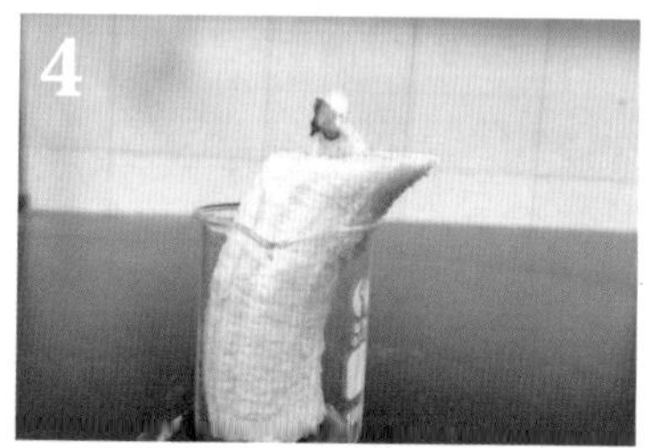

图8-3 自制蜡烛实验步骤图

【实验原理】

薯片是用土豆做的，主要成分是淀粉，在加工过程中又加入了食用油，这两种东西都是可燃物，所以一点就着了。

8.3 金樽清酒斗十千

诗仙李白诗云，“金樽清酒斗十千”，金杯盛着昂贵的美酒。中国酒文化（图8-4）源远流长，酒类产品更是琳琅满目。逢年过节，我们经常可以看到人们在酒席间觥筹交错。

图8-4 酒

8.3.1 酒精的起源

我国酿酒的起源流传较广的说法是杜康酿酒和仪狄作酒。

杜康酿酒之说：传说在黄帝时期，杜康将吃不完的粮食倒进树洞中，粮食经过长时间的发酵便酿成了酒。关于杜康，东汉许慎在《说文解字·巾部》中记述：“古者少康初作箕帚、秫酒。少康，杜康也，葬长垣。”曹操的乐府诗《短歌行》：“慨当以慷，忧思难忘；何以解忧，唯有杜康。”后世将杜康称为酒神，制酒业奉杜康为祖师爷。

仪狄作酒之说：传说仪狄受人之托造酒，然后将其献给了“三过家门而不入”的大禹，结果大禹喝了酒，昏睡了一天一夜，误了大事。西汉刘向编订的《战国策》对此有详细、明确的记载：“昔者帝女令仪狄作酒而美，进之禹，禹饮而甘之。遂疏仪狄，绝旨酒。曰：‘后世必有以酒亡其国者。’”

杜康、仪狄造酒之说广为流传。但是，杜康、仪狄都是传说中的人物，其身世尚难认定，造酒之说也就更难以确认了。传说归传说，现代科学和大量的历史文献资料告诉我们，早在夏朝以前，我们的祖先就已经能够酿酒了。

我国酒的起源和发展经历了从自然酒到人工酿酒，从简单的自然发酵酒到蒸馏酒的漫长发展过程。

自然酒指自然界中存在的最原始的酒。自然酒在远古时代就已经存在了。因为现代科学知识告诉我们，凡是含有糖分的物质，如水果、兽乳等，其中的糖分经酵母发酵便形成了最原始的自然酒——果酒、乳酒。

人工酿酒是在酿酒原料中加入糖化发酵剂，即人造酒由曲蘖发酵而成。这种酒的起源就是我们一般意义上所指的酒的起源，即谷物酿酒的起源。随着人类社会农业生产不断发展，谷物、粮食开始有所剩余。谷物保存、放置不当，容易受潮发芽、长霉，便形成了天然的曲蘖。曲蘖再受到微生物的影响，极易发生糖化、酒化，发酵成酒。但曲和蘖有所不同。用发霉的谷物作为发酵剂，霉菌会大量繁殖，这是曲；而发芽的谷物会产生淀粉酶，会将淀粉水解成葡萄糖、麦芽糖，将其作为发酵剂，称为蘖。人类通过长期的观察、试验，逐渐掌握了用曲蘖酿酒的方法，原始的谷物酿酒技术由此诞生。人们将用蘖酿的“酒”称为“醴”，用曲酿的“酒”称为“酒”。用蘖作发酵剂，在发酵过程中，仅起糖化作用，所以用蘖酿造的酒糖化高，酒化低，含酒精量很低。今天的啤酒最早就是这样发展起来的。而曲在发酵过程中，不仅产生糖化酶，也有酒化酶。所以，用曲酿酒能同时起到糖化和酒化的作用，酿出的酒酒精含量较高。

蒸馏酒是比用曲酿造的酒更纯的酒，酒精度更高。李时珍在《本草纲目》中曾记载，酿造蒸馏酒与酿造黄酒不同之处就在于增加了关键的蒸馏工艺。蒸馏可以将乙醇和水分离开来，但并不能完全分离。因为蒸馏就是利用两种互溶液体的溶沸点不同进行分离，但乙醇和水的溶沸点相差不算太大，所以并不能完全分离。但是通过蒸馏这一工艺，酒精度变高了，也越来越易保存，这是酿酒工艺的一大进步。

我们的先祖对酒精的发现、认识，再到现在酒精的各种用途，如乙醇汽油、医用酒精、有机化工原料等，都体现了人类对化学物质的逐渐掌握。

8.3.2 “化”尽其用——生物燃料中的乙醇汽油

目前，社会生产和人们日常生活的能源仍然主要依赖化石燃料，但是化石燃料是不可再生资源，随着人类大量开采利用，化石燃料面临枯竭，找到替代的新能源成了亟待解决的问题。目前生物燃料是许多国家研究的重点。生物燃料泛指由生物质组成或萃取的固体、液体或气体燃料，可以替代由石油制取的汽油和柴油，同时具有良好的可贮藏性和可运输性，是可再生能源开发利用的重要方向。

生物燃料具有可循环性。生物燃料利用的是有机物，因此是可再生能源，以实物的形式存在，分布最广。比起花费巨大代价开采的化石能源，生物燃料更加容易储存和运输。生物燃料所需的生命物质存在于地球的生物循环系统中，是一种可循环的状态，而化石燃料是不可再生能源，因此生物燃料具有的可循环性是化石燃料所缺失的，也是其独特之处。

生物燃料具有环保性。化石燃料如煤、石油和天然气等的主要成分都是含有碳氢元素的化合物，生物燃料的成分和化石燃料相似，也是含有碳元素和氢元素的化合物。但化石燃料在漫长的形成过程中，产生了大量的含硫元素和氮元素的物质，燃烧产生的SO_2、NO_x等气体有毒，会对大气造成严重的污染；而生物燃料中含有的硫元素和氮元素就大为减少，污染情况大为减轻，比化石燃料更加清洁，这也是开发利用生物质能的主要优势之一。

由此可见，生物燃料是一种可再生、可循环、较为环保的清洁能源。生物燃料具有这么多优势，但是想要以高效经济的方式得到它却出现了困难。最早的方法是以玉米等粮食为原料生产生物燃料，如燃料乙醇。燃料乙醇是指以生物物质为原料通过生物发酵等途径获得的可作为燃料用的乙醇，经变性后与汽油按一定比例混合可制车用乙醇汽油。燃料乙醇一般是指体积分数达到99.5%以上的无水乙醇，是燃烧清洁的高辛烷值燃料。乙醇不仅是优良的燃料，还是优良的燃油品改善剂，混配成乙醇汽油后作为新的燃料替代品，可减少矿物燃料的应用以及对大气的污染。使用乙醇汽油后，汽车尾气排放一氧化碳减少了30%，碳氢化合物减少15%左右。此外，它对地下水环境的改善也意义深远。

8.3.3 躬行实践——家庭美味醪糟制作

醪糟，又叫米酒、酒酿，主要原料是糯米。醪糟营养丰富，有暖胃活血的作用，可促进血液循环，因而有美容养颜的功效。

醪糟的做法：

① 500克糯米先淘洗一下，再用清水浸泡一夜，泡至糯米用手一捻就碎的程度（如果天气炎热，可放冰箱冷藏室）。

② 蒸锅笼屉上先铺好纱布，再将泡好的糯米放入，用手指戳上几个小坑，方便成熟。凉水上锅，盖上盖子，大火烧开。锅开上汽后，将火稍微调小一点，蒸35 ~ 45分钟。

③ 将蒸好的糯米取出放入干净的盆中，并洒少许凉开水，戴上一次性手套抓散或用筷子搅散。取1克酒曲，用凉开水化开，待糯米晾至温热时，撒入、抓匀。

④ 取一个无水无油、可密封的洁净容器，将处理好的糯米放入、抹平；中间用筷子插出一个小眼，方便观察出酒情况。

⑤ 将容器密封，如果是在炎热的夏天，可以用衣服或是被单之类的东西包一下，使其始终保持35℃左右的温度；静置一天到一天半的时间，这个时间的长短要以实际的温度高低而定。

⑥ 如果看到之前戳好的小眼中已充满了酒水，醪糟就制作成功了。接下来将其密封冷藏保存，随吃随取。